区域科技创新服务平台生态化演进机理及服务模式研究

李 佳 著

辽宁省社会科学规划基金项目（L19CGL011）资助

中国纺织出版社有限公司

内 容 提 要

本书基于生态化视角，揭示了区域科技创新服务平台生态化演进机理，构建了区域科技创新服务平台生态化服务模式，并为了保障服务模式的顺利运行，设计了区域科技创新服务平台生态化服务模式运行机制，且为了进一步有效掌握区域科技创新服务平台生态化发展的实际服务效果，构建了区域科技创新服务平台生态化服务效果评价体系，为我国各地方政府统筹规划未来区域科技创新服务平台可持续发展与服务方向、完善科技服务体系建设提供了重要的科学依据与理论方法支持。

图书在版编目（CIP）数据

区域科技创新服务平台生态化演进机理及服务模式研究 / 李佳著. -- 北京：中国纺织出版社有限公司，2021.11

ISBN 978-7-5180-9178-2

Ⅰ. ①区… Ⅱ. ①李… Ⅲ. ①科技服务—研究 Ⅳ. ①G315

中国版本图书馆CIP数据核字（2021）第239286号

责任编辑：段子君　　责任校对：高　涵　　责任印制：储志伟

中国纺织出版社有限公司出版发行
地址：北京市朝阳区百子湾东里 A407 号楼　邮政编码：100124
销售电话：010—67004422　传真：010—87155801
http://www.c-textilep.com
中国纺织出版社天猫旗舰店
官方微博 http://weibo.com/2119887771
北京虎彩文化传播有限公司 印刷　各地新华书店经销
2021 年 11 月第 1 版第 1 次印刷
开本：710 × 1000　1/16　印张：11.5
字数：190 千字　定价：88.00 元

前言/PREFACE

在知识经济时代，随着经济全球化与科技的高速发展，科技创新已成为重塑世界经济结构与国际竞争格局的新引擎。我国创新驱动发展战略的深入实施，使得科技资源积累量快速增加，科技创新需求日益复杂与个性化，在此发展情境下，我国各区域科技创新服务平台作为一种包含区域科技资源共享平台及重点产业领域技术服务平台的网络化平台体系，其现有独立单一型的基础服务模式已难以有效满足区域科技资源高效配置及区域科技创新创业的实际发展需要，并已逐步暴露出创新支撑能力弱、服务效率低、集成资源存在冗余或缺口、管理方法滞后等诸多问题，亟待引入一种先进的理论思想与管理方法。鉴于区域科技创新服务平台可持续发展与服务需要符合生态化规律，因此本书引入先进的生态化发展理念，以生态化为视角，揭示区域科技创新服务平台生态化演进机理，构建区域科技创新服务平台生态化服务模式，对指引我国各地方政府统筹规划未来科技创新服务平台可持续发展与服务方向、高效配置区域科技资源、有效服务支撑区域科技创新、完善平台服务体系具有重要的理论与现实意义。

本书在分析区域科技创新服务平台服务功能与发展需求的基础上，基于生态化视角，对区域科技创新服务平台生态化内涵进行界定，探究区域科技创新服务平台生态化种群行为，依托超循环理论构建区域科技创新服务平台生态循环模型，通过分析区域科技创新服务平台生态化演进条件与动因，揭示区域科技创新服务平台生态化演进过程与规律；基于对区域科技创新服务平台生态化演进机理的分析，根据区域科技创新服务平台生态化演进阶段，构建包含精细服务模式、智能服务模式和智慧服务模式的区域科技创新服务平台生态化服务模式，并伴随区域科技创新服务平台生态化不断发展，进一步给出服务模式选择与动态转换策略；为了保障服务模式的顺利运行，设计区域科技创新服务平台生态化服务模式运行机制，具体分为需求侧引导机制、供给侧优化机制、服务平衡机制和服务进化机制四部分；为了有效掌握区域科技创新服务平台生态化发展的实际服务效果，进一步设计区域科技创新服务平台生态化服务效果评价体系。

本书不仅对指明未来区域科技创新服务平台的可持续发展与服务方向，丰富科技创新服务平台服务理论体系，支撑我国各地方政府统筹管理及制定区域科技创新服务平台发展规划提供重要的理论支持与方法指导，还有助于推进区域科技创新服务平台服务创新，为区域科技创新活动开展提供更加有效的服务支持，对提升区域科技创新水平、完善区域科技服务体系建设具有重要的现实意义。

著　者

2021 年 9 月

目录/CONTENTS

第1章 绪 论

1.1 研究背景

在知识经济时代，随着经济全球化与科技的高速发展，科技创新已成为重塑世界经济结构与国际竞争格局的新引擎，是驱动国家经济发展的不竭动力。科技资源作为科技创新活动有效开展的重要基础和保障，对其进行优化配置和综合利用是大力促进国家科技创新与科技进步的关键。纵观全球，随着科技竞争及科技资源争夺的日益激烈，世界各国纷纷通过建设一类能够有效集聚整合大量科技资源并服务于科技创新的科技平台，高效配置科技资源，加快推动国家科技创新步伐，提升国际科技竞争实力。例如，美国通过设立专项资金促进科学数据共享平台的建设与发展，并通过制定相对健全的政策法规体系保障科技资源的公开与共享信息的传播，以依托科技资源共享加快推进国家科技创新发展；欧盟则在第七研究框架计划（FP7）下，依托成员国间科技资源开放共享，为服务科技创新打造了跨欧洲的网络化创新服务驿站。从世界各国的发展经验来看，不同实践形式的科技平台建设已经成为世界各国整合多样科技资源，实现科技资源优化配置、有效服务支撑科技创新发展及促进科技创新能力提升的重要战略举措。

我国正处于深入实施创新驱动发展战略的关键时期，加快推动科技平台建设与发展，完善科技服务体系已然成为促进创新生态系统发展以及加速向创新型国家行列迈进的必然选择。2004 年 7 月，国务院发布的《2004—2010 年国家科技基础条件平台建设纲要》，为国家科技基础条件平台的整体建设提供了统一部署；2005 年 7 月，《“十一五”国家科技基础条件平台建设实施意见》的出台，全面启动了国家科技基础条件平台的建设工作；2009 年 9 月，中国科技资源共享网作为国家科技基础条件平台的门户网站正式开通；2011 年 7 月，《国家

"十二五"科技发展规划》进一步明确提出要加快推进科技资源共享平台（以下简称共享平台）的建设工作，以大幅提升科技资源利用率及有效促进科技创新；2015 年 10 月，党的十八届五中全会首次提出要树立与贯彻"创新、协调、绿色、开放、共享"的五大发展理念，充分发挥科技资源在创新体系中的作用以及共享平台在科技资源配置中的优化与集成能力，深化创新驱动发展战略的实施以及加快科技资源的开放共享；2016 年 7 月，国务院印发的《"十三五"国家科技创新规划》，进一步提出要面向"互联网 +"时代的平台经济发展需求，以新一代信息技术为支撑，面向集成电路、智能制造、生物医药等重点战略性新兴产业领域，加快建设起若干专业性的技术服务平台（以下简称技术平台），以有效促进战略性新兴产业发展，并推动跨区域、跨平台科技资源共享与服务。可见，国家这一系列支撑政策的颁布都将为我国科技平台建设尤其是共享平台和技术平台的发展提供强有力的保障和支持。

在国家的相关战略指引下，我国各省市政府也相继结合本地经济发展需求和自身产业优势，纷纷启动与开展了区域共享平台及重点产业领域技术平台的规划与建设工作。其中，在共享平台建设方面，首都科技条件平台、上海研发公共服务平台、重庆科技资源共享平台、湖北省科技信息共享服务平台等各具特色的地方共享平台已初具规模；在技术平台建设方面，上海市生物医药产业技术平台、深圳市能源排放与新能源低碳公共技术平台、黑龙江省装备制造业公共技术平台等面向不同区域产业特色的技术平台也不断涌现。有鉴于此，我国各省市现已形成了由多样共享平台与技术平台共存的发展格局，并面向日益复杂与个性化的科技创新需求，平台间也逐步呈现出联盟合作与跨平台协同服务的发展趋势，从而形成了一种新型网络化、综合性的区域科技创新服务平台，更加有效地服务支撑区域科技创新，高效配置区域科技资源。然而，基于区域科技创新服务平台逐步形成及寻求长远发展的现实情境，目前却面临着诸多问题：一方面，区域共享平台和技术平台作为区域科技创新服务平台的重要组成部分，两者间联盟合作的积极开展，不仅能综合集成各平台特色服务功能，还能高效汇聚彼此优质科技资源，以面向科技创新提供更加优质的科技服务，然而现阶段对两者协同发展的理论探索却相对滞后，由此对包含了区域共享平台和技术平台的区域科技创新服务平台演进机理认识不足，尚未能准确定位区域科技创新服务平台最优化的长期发展方向与规划布局；另一方面，随着我国创新驱动发展战略的深入实施，科技资源积累量呈现爆炸式增长，科技创新需求日益复杂、多样与个性化，在此背景下，区域共享平台和技术平台现有独立单一型的基础服务模式已难以有效满足这种新的变化趋势，并已逐步暴露出创新支撑能力弱、用户满意度不高、服务效率低、服务方式单一以及集成资源存在缺口或冗余等共性问题，亟待引入一种先进的理论思想与管理方法，基于平台间联盟合作与服务协同，围绕区域科技创新服务平台探索新型服务模式，为区域科技创新服务平台可持续发展与服务提供有效支撑。而区域科技创新服务平台可持续发展与服务需要遵循生态化规律，因此本书基于生态化视角，引入先进的生态化发展理念，揭示区域科技创新服务平台生态化演进机理，构建区域科技创新服务平台生态化服务模式，对指引我国各地方政府统筹制定未来区域科技创新服务平台可持续发展规划及先进服务方式、高效配置区域科技资源、完善区域科技服务体系建设、促进区域科技创新发展具有重要理论意义与现实价值。

1.2 研究目的和意义

1.2.1 研究目的

随着我国创新驱动发展战略的深入实施和科技创新需求的日益复杂、多样与个性化，为充分发挥我国各区域科技创新服务平台服务支撑科技创新作用，有效推进区域科技创新服务平台可持续发展，完善区域科技服务体系建设，本书在吸收和借鉴国内外科技服务、科技资源、科技创新服务平台及创新生态系统等相关研究成果的基础上，针对平台现阶段创新支撑能力弱、服务效率低等共性问题，引入先进的生态化发展理念，揭示区域科技创新服务平台生态化演进机理，构建区域科技创新服务平台生态化服务模式，旨在综合提升区域科技创新服务平台服务水平、有效促进区域科技创新、实现平台可持续发展与服务的同时，为我国各地方政府明确未来区域科技创新服务平台长期发展和服务方向提供先进的理论方法支持与决策参考。

1.2.2 研究意义

区域科技创新服务平台生态化演进机理及服务模式的研究具有重要理论与实践意义。在理论方面，基于生态化发展理念，研究区域科技创新服务平台生态化演进机理及服务模式，探讨区域科技创新服务平台可持续发展与服务问题，为指明未来区域科技创新服务平台可持续发展与服务方向、丰富平台生态化服务理论体系、支撑我国各区域政府统筹管理及制定区域科技创新服务平台长期发展规划提供了重要的科学依据与理论指导；在实践方面，根据区域科技创新服务平台生态化演进机理分析，构建区域科技创新服务平台生态化服务模式，不仅有助于推进区域科技创新服务平台服务创新，还对促进区域科技创新发展及完善区域科技服务体系建设具有重要现实意义。

1.3 国内外研究现状及评述

1.3.1 科技服务研究现状

科技服务作为新常态下国家经济持续发展的新动力，在驱动经济转型升级和深化科技体制改革等方面发挥着至关重要的作用。从发展形态来看，科技服务主要包括科学研究、科技孵化、专业技术服务、技术推广和科技咨询等多种业态。而区域科技创新服务平台作为区域科技服务体系的重要组成部分，具有类似科技中介服务机构的功能与运作特点。因此，本书对科技服务体系构建与发展、科技中介服务机构的相关文献进行了研究梳理。

1.3.1.1 科技服务体系构建与发展研究

科技服务体系的构建与发展是政府推进技术与知识扩散的主要途径，是合理配置科技资源、发挥创新支撑作用的重要前提[1]。在科技服务体系构建方面，Prasad（2006）以科技创新需求为导向，从国家和公司两个层面构建了科技信息服务框架[2]；张心怡（2013）提出以渠道建设服务为资源基础、信息共享服务为工作平台、活动交流服务为合作通道、专业咨询服务为主要内容的新型“一站式”社会化科技服务体系建设模式[3]；揭筱纹等（2014）从组织要素服务体系、资源要素服务体系及环境要素服务体系三方面构建了科技服务体系的创新模式[4]；Preece（2015）认为科技服务体系即为知识密集型产业，而知识管理与知识共享在科技服务体系建设中发挥着重要作用[5]。在科技服务体系发展方面，李文博（2011）将我国与发达国家的科技中介服务体系进行了比对，提出构建科技中介服务联盟网络有利于推动科技中介服务机构实现可持续发展[6]；祁明等

（2012）结合科技服务体系发展特点，设计包含生态模式、知识管理模式、创新平台模式、行业标准模式及外包服务模式五种科技服务体系发展模式[7]；唐守廉等（2013）通过比较分析中美两国科技服务体系的发展现状，对我国科技服务体系的未来发展提出建议[8]；张清正等（2015）认为科技服务体系通过技术和知识向社会提供服务，其构建与发展逐渐呈现专业化和集成化共存趋势[9]。

1.3.1.2 科技中介服务机构研究

科技中介服务机构作为科技服务体系的核心主体，对加快科技成果转化、提升科技创新能力、推动科技与经济结合具有重要作用。国内外学者主要对科技中介服务机构的内涵与功能开展了大量研究。关于科技中介服务机构内涵方面的研究，Wood（2002）认为科技中介服务机构是指依靠专业知识与技术，为其他机构提供知识型中间产品和服务的科技组织[10]；Howells（2006）提出科技中介机构是一个在科技创新过程中承担两方或多方合作的中介代理角色的实体[11]；Yusuf（2008）基于侧重隐性知识或显性知识处理的差异，将科技中介机构分为一般型、金融型、专业型和制度型四种[12]；骆光林等（2008）提出科技中介服务机构的服务内容主要包括成果推广服务、科技信息查询和提供技术交易服务等，并从服务主体、投资主体、组织结构、运行管理、服务内容和人才队伍等方面构建科技中介服务机构[13]；李柏洲等（2010）认为科技中介机构是我国科技产业界对提供以支撑技术创新为主要服务内容的一类组织机构的统称[14]。王蓉等（2017）指出科技中介服务机构是区域科技创新活动开展的催化剂，对科技创新体系绩效具有显著影响[15]。

关于科技中介服务机构功能方面的研究，Aguila等（2007）提出科技中介服务机构具有集成多样供需信息，简化市场交易流程，并提供基础设施及扮演经纪人角色汇聚买卖双方需求的功能[16]；Barnes等（2007）通过研究指出科技中介服务机构具有情报、交易、担保、后勤保障和服务用户等功能[17]；Toshihiro（2008）认为科技中介服务机构能对产学研间的高效合作起到积极促进作用[18]；韩霞（2008）基于科技创新过程，提出科技中介服务机构具有信息沟通、资源整合、增值服务、技术转移和成果转化等功能[19]；杨潇等（2012）认为科技中介服务机构具有帮助企业更好地进行服务产品市场范围创新的功能[20]；郭元源等（2014）认为科技中介作为优化科技资源配置的重要载体，其功能体现为搜寻认知、交流吸收和商业化三方面[21]；王婉娟等（2016）提出科技中介服务机构联合高校、企业、科研院所等多元主体可共同构筑协同创新体系，有效整合利用多维创新要素[22]。

1.3.2 科技资源研究现状

科技资源是国家科技发展最重要的战略资源，是包括科技人力、科技条件、科技信息、科技投入和科技成果等各类促进并支撑科技创新活动的要素和资源总和[23]。科技资源的优化配置和开放共享作为衡量区域科技创新水平与区域经济持续发展能力的重要指标，近年来已成为国内外学者的研究热点。

1.3.2.1 科技资源配置

科技资源配置是指为保障科技创新活动有效实施，对不同类型科技资源进行分配与调控的过程[24]。国内外学者对科技资源配置的研究主要集中在科技资源配置能力、科技资源配置效率及其影响因素三个方面。在科技资源配置能力方面，徐建国（2002）指出区域科技资源配置能力即区域内高效分配与运用科技资源的能力，其强弱影响科技系统功能与效率[25]；汪朗峰等（2013）在高技术产业发展中，认为科技资源配置能力影响且决定了产业创新与发展的能力及潜力[26]。在科技资源配置效率方面，科技资源配置效率可代表国家整合科技资源的能力，主要用于衡量科技资源的使用效益[27]；陆建芳等（2012）提出科技资源配置效率是指在生产技术领域内，科技资源的投入、产出及其之间的关系[28]；索玮岚等（2015）从知识转化阶段投入、知识转化阶段产出和成果转化阶段产出三方面，对高校科技资源配置效率测度进行了分析研究[29]；范斐等（2016）认为科技资源配置效率影响区域经济可持续发展，并引入 Durbin 模型分析了我国各区域科技资源配置效率的空间溢出效应及分布格局[30]。在科技资源配置影响因素方面，部分国外学者以企业生产环节为视角，提出企业规模、技术能力、企业生产率与预期回报率等均影响科技资源的配置行为[31-34]；何海燕等（2011）认为技术壁垒对我国企业科技资源配置效果具有正反双向的影响作用[35]；而 Jeong 等（2015）则从促进未来技术融合发展的角度，对科技资源配置的决定性因素进行了研究[36]。

1.3.2.2 科技资源共享

科技资源共享是指为了实现科技资源使用效率最大化，公开与整合现有科技资源，并不断开创新资源使之创造更大价值[37]。Chen 等（2008）以虚拟组织资源共享为视角，认为虚拟项目团队的组建能够在人力和资源方面获得最大竞争优势，而信任评估机制的建立将有利于提高资源共享的时效性和安全性[38]。Young（2012）认为科技资源共享即是集中科技资源为顾客服务的过程[39]。王海花等（2012）提出开放式创新模式下科技资源共享的一般流程为资源识别、资源搜索、资源转移或交换、资源使用或配置[40]。戚湧等（2013）基于协同创新视角，提出资源共享需要在政策引导下通过调动各类创新主体的积极性，促进不同组织的开放创新与深度合作，进而围绕其相互间有效集聚、整合与共享科技资源，实现一种政产学研协同运作的方式与机理[41]。Otcenaskova 等（2014）认为组织中信息、知识和技术等要素的共享潜在性有利于提高组织竞争力和资源共享效率[42]。张亚明等（2014）提出科技资源共享是科技资源管理者、科技资源所有者和科技资源需求者之间的利益博弈过程[43]。Jiang 等（2015）基于资源视角将资源共享作为中介机制，研究信任对联盟绩效的影响[44]。Sun 等（2015）认为跨组织间联盟合作需要组织成员间保持高效的资源共享与信息沟通[45]。

1.3.3 科技创新服务平台研究现状

科技创新服务平台作为一类能够有效集聚整合区域优质科技资源、为区域科技创新提供多样科技服务支持的平台组织集合，是包含了共享平台和技术平台的新型平台网络。现如今，国内外关于科技创新服务平台的研究较少，但对其构成主体共享平台和技术平台的研究相对较多，且主要集中在平台内涵、构建与运行机制、演进过程、服务功能及服务模式等方面。

1.3.3.1 平台内涵

20 世纪初期，亨利・福特在《现代人》一书中为提高汽车的舒适性和使用性最早提出了“平台”的概念，随后 Intel 公司将平台方法成功应用于产品创新研究中。随着新一代信息技术的不断发展，平台的应用也日趋广泛，由此产生了如产品平台、服务平台、共享平台和技术平台等多种平台类型，并成为国内外学者们的研究热点。其中，在共享平台方面，共享平台在国外研究中很少涉及，而在国内研究中主要倾向于将其定义为以政府为主导，为实现科技资源整合共享而建设的一种科技服务系统；涂勇（2013）提出区域共享平台作为国家科技基础条件平台的重要组成部分，是高效汇聚与共享区域科技资源的新兴载体[46]；刘晓峰等（2013）指出共享平台是拥有科技资源的机构，并依据发展需求而结成的官产学研联盟[47]；刘润达（2014）认为共享平台的共享内容主要包括科技文献、科学数据等科技信息资源实现对涉及科技的人、财、物的共享[48]；李长云等（2017）提出共享平台是面向区域科技创新发展需求，通过整合优质科技资源，为多样创新主体提供高水平公共科技服务，实现科技资源优化配置、有效支撑科技创新的组织或机构[49]。在技术平台方面，技术平台的概念在国外研究中较为常见，Chesbrough（2003）在开放式创新理论下，提出技术平台可以作为一种知识中介，针对企业的技术创新、研发等问题提供系统化的解决方案[50]；Piezunka 等（2011）认为技术平台是通过整合特定科技资源构建的一种专业服务于重点产业发展的复杂技术集成系统[51]；Goggins 等（2014）指出技术平台是大量技术数据与信息的集合，并在社会语境影响下，通过多个定性案例的比较构建了技术平台架构[52]；Eloranta 等（2015）认为技术平台是制造企业服务化的外显网络化服务模式，能够为其他企业技术创新提供基础技术性的模块化服务产品[53]。

1.3.3.2 平台构建与运行机制研究

科技创新服务平台由共享平台与技术平台构成，是国家科技基础条件平台的重要组成部分，其内部构成主体共享平台与技术平台的构建须依据区域及产业特色实行差异化的建设方针[54]。Pekkarinen 等（2008）将共享平台的构建进行了模块化划分，分为服务、运营、组织结构和用户四个模块[55]。王瑞敏等（2010）通过分析我国现阶段科技平台集成和离散建设模式的优缺点，提出通用平台集成建设模式框架[56]。郑小碧等（2011）从多层级互动角度出发，提出产业集群视阈下技术平台的构架和实施模式[57]。李莎（2013）指出科技资源共享的动力机制是构建与运行共享平台的核心[58]。陈芳等（2013）运用政策分析法，对支持平台建设政策的关联性展开了研究[59]。张贵红等（2015）通过分析我国共享平台十年建设期存在的主要问题，提出共享平台下一步的建设规划应从提高整合质量、强化绩效考核制度以及完善合作机制等方面入手[60]。Loudon（2016）则基于移动通信产业，认为技术平台是一种分层级的组织结构，其主要由基础设施板块和专业化信息服务板块两部分构成[61]。

随着科技创新服务平台内共享平台建设的不断深入及各重点产业领域技术平台的不断涌现，平台将逐步由以资源建设为主转向以运行服务为主的阶段。汪秀婷等（2009）基于自主创新能力、国际竞争力和效益贡献力的“三力”模型，提出技术平台的互补型、互惠型、协同型和星火型四种集成运行模式[62]。Boudreau（2010）对开放平台战略与创新的耦合机制进行了分析研究[63]。许强等（2010）运用三螺旋理论，以创新链为视角揭示了共享平台组织性质，对共享平台中研发机构、政府和企业的角色定位进行了分析，并为提升共享平台运行效果提供了策略与建议[64]。Asheim 等（2011）基于区域优势理论构建区域创新政策模型，指出积极有效的平台政策有利于区域内外平台的协同运行[65]。钱吴永等（2014）分别从公共决策层、支持平台层和创新主体层设计了技术平台构架，提出技术平台运行机制由动力机制、创新机制和协同机制共同构成[66]。刘小花等（2014）基于原始创新路径，以生物制造业为例探究了同领域技术平台的发展路径与运行机制[67]。顾桂芳等（2015）认为共享平台需采用双边市场运行模式，而科技服务需求方的接入有利于提高平台运行效率[68]。朱灏等（2016）基于国际钢铁业发展需求，研究了钢铁技术平台创新推动钢铁业转型与提升的长期规律，并指出钢铁技术平台运行的创新机制[69]。

1.3.3.3 平台演进过程研究

关于平台演进过程，学者们的研究主要集中在协同演进、平台主体关系演进和网络演进三个不同视角。从协同演进视角出发，Jacobides 等（2008）认为随着平台与整个服务生态系统在结构、运行模式和功能等方面联系的逐渐成熟，平台与系统内各个企业之间通过生产能力与结构的“协同演进”，可加强跨层面的科技资源整合能力[70]；Skold 等（2012）认为平台的不断更新与发展需要与产品研发、技术及生产流程等方面协同演进[71]；王雪原等（2015）结合生命周期理论，通过分析不同阶段企业实际拥有及所需科技资源的特征，揭示了科技资源协同规律，并为平台判定企业所处阶段提供了参考[72]。从平台主体关系演进视角来看，简兆权等（2011）利用 Lotka-Volterra 模型对平台构建主体之间的关系及其演进模式进行了深入分析，并揭示了平台的运行机制[73]。从网络演进视角入手，平台网络中节点的交替、变更及联结关系之间的改变，都会导致平台网络处于动态变化中，而平台的演进过程也是平台网络生成与发展的过程[74]。Li 等（2011）指出平台网络化发展是平台实现可持续共生与充分发挥服务功能的最优路径[75]；Daugherty 等（2011）提出平台位于网络中的位置和相互间沟通的灵活性是影响平台演进与服务水平的关键因素[76]；孙庆（2012）通过分析平台的结构与特征，将平台网络化演进过程分为开创探索阶段、协同整合阶段、网络成熟阶段和网络衰退阶段[77]；王雪原等（2012）在分析平台网络结构特性的基础上，对平台的网络形成、发展、成熟和转型四个阶段的演进规律及运行模式进行了研究[78]；Mcintyre 等（2017）认为平台网络化发展，需要注重直接和间接网络效应的产生及多平台间合作的互补性，并利用动态互补提高平台发展的竞争优势[79]。

1.3.3.4 平台服务功能与服务模式研究

科技创新服务平台的服务功能是共享平台与技术平台服务功能的综合集成，随着科技创新活动综合性特征的日益凸显，科技创新需求也日益复杂及多样化[80]，共享平台作为汇聚与整合科技资源的有机载体[81]，需具备为资源提供方和服务需求方在科技创新活动中提供整体化、系统性解决方案的服务功能[82]。而技术平台作为面向战略性新兴产业发展所构建的一种分布式创新组织体系，以专项提供技术类服务为主要功能[83]。肖卫东（2014）认为共享平台应具备为企业等创新主体提供多样化与整合性服务，培育与发展服务经济重要网络结点，促进企业与生产性服务业双重集聚等功能[84]。贾君枝等（2017）提出共享平台的建设核心是要高效配置科技资源，而服务功能是通过整合仪器设备、自然资源、科学数据、科技成果等多样科技资源，为科技创新活动提供科技资源共享的综合性、基础性中介服务[85]。Nucciarelli 等（2011）认为技术平台通过整合大学、科研院所与创新企业的技术资源，具有为特定产业的企业发展提供技术研发、技术转移、技术推广与技术培训的服务功能[86]。Mantena 等（2012）从功能角度提出平台具有协调供需双方需求供给和提供服务两种功能[87]。Alblas 等（2014）面向装备制造业，提出技术平台建设能有效减少产品的生产效率，并基于技术规格、技术与生产模块等方面对技术平台的功能架构进行了创新设计[88]。

学者们对平台服务模式的研究相对较少，部分学者在网络环境下设计平台服务模式，如华中生（2013）指出平台服务模式应侧重于新兴信息技术对服务参与者行为及资源集成过程的影响[89]；张琼妮（2014）基于网络环境设计了区域协同创新平台的按需定制资源服务模式、泛资源虚拟型创新模式和产学研对接模式[90]。其他学者则从不同视角对平台服务模式展开了研究，欧阳峣等（2011）以金砖国家科技合作为研究背景，提出平台需构建服务网络、服务联盟和专家团队等服务模式[91]；王宏起等（2014）提出共享平台的服务模式需从信息对接模式转向网络化、智能化的集成服务模式[92]；高超等（2015）提出共享平台“一站式”创新服务模式，主要包括科技检测服务、大型科学仪器与文献资源共享、技术评估与转移服务、工业设计共性技术支撑四个服务模块[93]；李玥等（2015）在云环境下构建了共享平台专家团队支持服务和系统智能服务两种智慧服务模式[94]；季六祥等（2015）基于云端创业生态圈，提出云平台服务范式，即为平台主体提供全面与多层次的云服务模式，并在此基础上规划了区域生态型平台服务战略[95]。罗晨阳等（2017）指出技术平台应从提供准公共服务为主的单一模式向以提供市场化业务为主、准公共服务为辅的复合型模式转变[96]。

1.3.3.5 平台生态化研究

经梳理发现，将生态化发展理念应用于平台的研究相对较少，并大多集中于研究平台生态系统的内涵与演进问题。Tiwana 等（2010）通过研究平台生态系统体系结构，提出平台生态系统演化模型[97]。周璇（2011）将平台生态系统定义为以能为消费者提供服务条件或环境的平台为中心，整合提供消费者消费所需资源的企业而形成的经济共同体[98]。Shriver 等（2013）认为平台企业（platform enterprise）通过协同的多群体行为，可形成平台生态圈（platform ecosystem）[99]。汪怡等（2014）基于商业生态系统，提出服务平台应具有价值创造能力、促进系统协同进化能力和领导系统可持续发展能力[100]。李雷等（2013，2015）分别从服务主导逻辑理论和开放式网络平台视角，提出平台生态圈内涵及其新服务开发模式[101-102]。郑湛等（2015）基于大组织理论，提出平台生态系统是指由持有特定核心能力的领导者和相关利益者自组织构筑的价值网络，其围绕平台间相互合作及伴随生态体系机制的形成所发展成为的一种实现资源共享、优势互补并不断能提升核心竞争力与共创价值的有机系统[103]。Inoue 等（2017）在新市场环境下，指出多个平台生态系统相互协同，实现功能互补以及资源共享可有利于推进平台生态系统的可持续发展[104]。

1.3.4 创新生态系统研究现状

在创新驱动发展的时代背景下，构建创新生态系统已然成为全球化科技革命和产业变革的重要基础。2004 年，美国 PCAST 在研究报告中首次正式提出创新生态系统的概念，认为美国技术和创新的领导地位取决于动态的创新生态系统[105]。此后创新生态系统作为生态学和创新系统的结合与升级，逐渐受到国内外学者的广泛关注，并在国家、产业和企业三个层面均有所涉及。区域科技创新服务平台生态化实质上是促进区域科技创新服务平台内共享平台、技术平台及各平台的创新主体形成创新生态网络并逐步发展成为生态系统且协同服务于区域科技创新的过程，具有创新生态系统的属性特征。因此，本书重点对创新生态系统的内涵、构成与特征、影响因素及演进机理等方面进行梳理总结。

1.3.4.1 创新生态系统的构成与特征

20世纪中后期，国内外学者将生态系统理论应用于技术创新领域，随后“创新生态系统”的理念应运而生，并迅速得到全球化的普及与应用。Luoma等（2010）将创新生态系统定义为一个各种创新主体在生态环境中相互交流，以推动创新发展的长久或临时性系统[106]。Russell等（2011）认为创新生态系统是由各子系统之间通过互动联结而成的网络，并在网络系统中经过要素流动实现共创价值的持续性[107]。Shaker等（2011）认为创新生态系统是一个松散互联的公司网络，每个公司都为了整体效益和持续生存而相互依赖，并围绕着创新平台协同发展[108]。Adner等（2016）基于复杂网络视角，提出创新生态系统是由核心企业、上游组件供应商、下游互补件供应商及客户四个具有互补性特征的组织共同构成的复杂系统[109]。Klotz等（2016）认为创新生态系统是一种多边合作的集合，需要加强内部主体间的互联沟通，并以结盟目标作为其发展的中心价值[110]。

针对创新生态系统构成，学者们的研究视角主要基于生态主体构成、创新主体及要素关联性、构成要素和产业链等方面。从生态主体构成视角出发，Estrin（2008）提出创新生态系统可分为研究、开发和应用三大群落[111]；Wang（2009）认为创新生态系统由组织群落、人和创新网络共同构成[112]。从创新主体、要素及其关联视角，Mercan等（2011）认为创新生态系统包括经济主体和经济联系以及技术、制度、文化和社会关系等非经济部分[113]；柳卸林等（2015）提出完整的创新生态系统由创新主体之间的紧密互动和创新要素在主体间的流动与溢出共同构成[114]。从构成要素的视角出发，Carayannis等（2011）基于一系列研究工作，最终提出创新生态系统具体包括知识创新行为主体、自然环境和公众知识创新文化、公共媒体及价值观等核心要素[115]；杨荣（2013）提出创新生态系统由知识与人力资源、市场条件、研究活动、制度条件、创新过程、金融体系和技术成果等子系统构成[116]。

与传统的创新系统相比，部分学者通过借鉴自然生态系统的某些特性，提出创新生态系统具有开放性、动态性、稳定性和复杂性等特征[117-119]。其他学者则从不同角度出发，研究创新生态系统特征，如张运生（2009）以高科技企业为研究对象，认为创新生态系统具有合作共赢性、技术标准化、系统复杂性和技术模块化等本质特征[120]；伍春来等（2013）以产业技术创新生态系统为研究视角，从系统动态演化、产业竞争、技术范式三个层面提出创新生态系统新特征[121]；李万等（2014）通过分析各创新主体之间作用机制的动态演化性，提出创新生态系统具有多样性共生、自组织演化和开放式协同三种主要特征[122]。

1.3.4.2 创新生态系统的影响因素研究

国内外学者针对创新生态系统影响因素的研究成果丰硕，并多从不同视角进行了分析与探索。从企业层面来看，Kesidou 等（2012）认为创新生态系统的影响因素主要包括企业组织能力等供应因素和客户需求、企业社会需求等需求因素[123]；张利飞等（2014）在创新生态系统技术依存结构中，发现企业外部零组件和互补配套技术对企业集成创新具有不对称性影响[124]。从产业层面出发，吴绍波等（2014）基于战略性新兴产业，提出利益相关者间的利益均衡影响创新生态系统主体协同创新的积极性[125]。从系统内外部环境来看，Doran 等（2012）提出创新生态系统易受政策、顾客感知、知识创造及系统内外部复杂联系共同影响[126]；Weil 等（2014）认为市场的动态变化影响技术的研发与创新，从而影响创新生态系统的演变[127]；Davidson 等（2015）认为在新兴经济创新生态系统中，系统内部企业与系统外部参与者之间的协同关系，通过创新产品与服务创造价值，进而影响创新生态系统发展[128]。其他学者则从不同视角进行了相关研究，刘洪久等（2013）利用生态位评估模型，研究创新群落、创新资源和创新环境三个生态要素对区域创新生态系统适宜度的影响[129]；West 等（2014）通过研究塞班系统的兴衰，提出技术标准体系和第三方供应商提供的互补产品对开放性创新生态系统的影响[130]；刘志春等（2015）基于我国科技园区发展，分析创新态、生态流和生态势对创新生态系统的影响，并提出创新生态水平与创新效率间存在正相关关系[131]。

1.3.4.3 创新生态系统的演进机理与路径研究

创新生态系统具有类似于自然生态系统的属性特征与种群演进规律。汪志波（2012）提出创新生态系统包含生态共生、生态平衡、生态重组等进化机理，以及技术遗传、衍生与变异等演化模式[132]。曾国屏等（2013）提出创新生态系统是由系统中科技创新序参量为主导的演进系统，其具备不断演化、不断自我超越的能力[133]。Mikel 等（2014）运用专利数据对比分析了亚马逊、谷歌、苹果三家企业创新生态系统的演进过程[134]。Romano（2014）认为创新生态系统的演进是不断推动创新创业活动有效开展的动态过程[135]。赵放等（2014）从多重视角下，提出创新生态系统“中心—外围”模型，并揭示了创新生态系统的演化路径[136]。陈衍泰等（2015）以电动汽车产业创新生态系统为案例，研究其动态演化过程[137]。欧忠辉等（2017）认为创新生态系统是由核心企业及配套组织共同演进形成的复杂系统，而主体间不同的共生关系将直接导致系统向不同方向演进[138]。

1.3.5 国内外研究评述

通过梳理和总结国内外相关文献发现，科技服务、科技资源、科技创新服务平台及创新生态系统作为国内外学者的研究热点，已取得了丰硕的研究成果，这些成果为探索区域科技创新服务平台生态化演进机理及服务模式奠定了重要理论基础，并提供了新的思路与方法可供借鉴。然而，面向我国创新驱动战略情境下的区域科技创新服务平台可持续发展与服务需要，当前研究仍存在如下不足：

（1）科技服务相关研究主要从科技服务体系构建与发展、科技中介服务机构两方面展开，而区域科技创新服务平台作为区域科技服务体系的一个重要组成部分，有别于一般的科技中介服务机构，是综合集成了区域内共享平台与技术平台的新型平台网络，具有既能通过优化配置与开放共享区域科技资源为区域科技创新提供基础性共享服务，又能面向战略性新兴产业发展提供专业化技术服务的独特功能。然而，在我国不断完善科技服务业及大力推进战略性新兴产业发展的现实情境下，面向科技创新需求的日益复杂、多样与个性化，学者们多集中于对共享平台与技术平台的独立研究，鲜有围绕其相互间联盟合作的开展与服务协同的实际需要，将两者进行有机融合，系统探究区域科技创新服务平台的可持续发展与服务问题。

（2）国内外学者对平台演进方面的研究多侧重在演进影响因素、演进过程等定性分析层面，少有学者对平台演进的阶段性特征进行针对性描述，关于平台演进的深层次机理研究也普遍不足，且学者们多从协同演进、平台主体关系演进和网络演进等视角研究平台演进过程。针对区域科技创新服务平台而言，鲜有学者基于生态化演进是一种最优化且能实现可持续发展的演进方向，围绕区域科技创新服务平台生态化具备创新生态系统属性特征的思想，基于平台生态系统视角，运用创新生态系统与生态学的相关理论方法揭示区域科技创新服务平台生态化演进机理，以有效推进区域科技创新服务平台的可持续发展与服务。

（3）关于平台服务方面的研究多集中在平台服务功能、运行模式与机制等方面，有关平台服务模式的研究相对较少，而面向目前区域科技创新服务平台发展所存在的服务效率低、服务方式单一、创新支撑能力弱、用户满意度不高等问题，极其缺乏一种先进的理论思想与管理办法，创新平台服务模式，以有效增强平台服务能力、提升平台服务水平、完善平台服务理论体系建设。

因此，本书在已有研究成果的基础上，运用先进的生态化发展理念，揭示区域科技创新服务平台生态化演进机理，构建区域科技创新服务平台生态化服务模式，对于科学指引我国各地方政府统筹制定未来科技创新服务平台发展规划与服务方式、高效配置区域科技资源、充分发挥区域科技创新服务平台服务支撑区域科技创新作用、综合提升区域科技创新水平及推进区域科技创新服务平台可持续发展与服务具有重要理论价值和现实意义。

1.4 研究内容与方法

1.4.1 研究内容

本书基于生态化发展理念对区域科技创新服务平台生态化演进机理及服务模式进行了系统研究与深入分析，主要研究内容如下：

（1）国内外研究现状及发展动态跟踪。通过对国内外有关科技服务、科技资源、科技创新服务平台、创新生态系统等相关研究现状进行梳理和系统分析，总结现有研究的不足之处，深入分析区域科技创新服务平台发展需求，为区域科技创新服务平台生态化演进机理及服务模式的研究指明方向。

（2）区域科技创新服务平台生态化演进机理及服务模式研究框架设计。在分析区域科技创新服务平台服务功能与发展需求的基础上，基于生态化发展理念，界定区域科技创新服务平台生态化内涵与特征，划分平台种群类型，分析种群间互动关系，并研究基于服务链的平台种群共生行为，构建区域科技创新服务平台生态循环模型，运用自组织理论分析区域科技创新服务平台生态化演进条件，探究平台生态化演进影响因素，并在明确演进动因的基础上，提出区域科技创新服务平台生态化演进过程，设计区域科技创新服务平台生态化演进博弈模型，揭示区域科技创新服务平台生态化演进规律，结合上述分析，系统设计区域科技创新服务平台生态化服务模式研究框架。

（3）区域科技创新服务平台生态化服务模式构建。依据区域科技创新服务平台生态化演进机理分析，围绕服务创新思想，设计区域科技创新服务平台生态化服务模式构建思路，将区域科技创新服务平台生态化服务模式依据平台不同生态化演进阶段需求及演进规律，细分为精细服务模式、智能服务模式和智慧服务模式三类，并分别对每一类服务模式的内涵、特征、框架、内容、适用条件及管理方式进行详细设计，在此基础上，进一步给出区域科技创新服务平台生态化演进阶段识别及服务模式选择方法，并围绕区域科技创新服务平台生态化不断发展，给出服务模式动态转换的具体策略。

（4）区域科技创新服务平台生态化服务模式运行机制设计。基于区域科技创新服务平台生态化服务模式构建，为确保服务模式的有效实施与顺利运行，设计区域科技创新服务平台生态化服务模式运行机制，依据区域科技创新服务平台服务流程，将区域科技创新服务平台生态化服务模式运行机制具体分为需求侧引导机制、供给侧优化机制、服务平衡机制和服务进化机制四部分，并针对每一服务模式相应提出了运行机制的应用策略。

（5）区域科技创新服务平台生态化服务效果评价体系研究。为了科学有效地掌握区域科技创新服务平台生态化发展的实际服务效果，构建区域科技创新服务平台生态化服务效果评价体系，首先，在确定评价目的的基础上，设计评价思路；其次，通过分析影响因素，构建区域科技创新服务平台生态化服务效果评价指标体系，并引入组合赋权法确定指标权重，基于规则设计区域科技创新服务平台生态化服务效果评价模型；最后，给出评价体系的应用策略。

1.4.2 研究方法

（1）文献分析法。基于文献分析法动态跟踪及分析国内外有关科技服务、科技资源、科技创新服务平台和创新生态系统的相关研究与发展情况，为本书科学问题的提出奠定重要的理论基础。

（2）生态化理论方法。运用生态化发展理念，界定区域科技创新服务平台生态化内涵与特征，分析区域科技创新服务平台生态化演进条件及动因，探究区域科技创新服务平台生态化演进过程与规律，并通过区域科技创新服务平台生态化演进机理的揭示，构建区域科技创新服务平台生态化服务模式。

（3）超循环理论方法。在分析区域科技创新服务平台种群互动关系及共生行为的基础上，运用超循环理论构建区域科技创新服务平台生态循环模型，以进一步探索区域科技创新服务平台生态化发展过程中的循环关系。

（4）演进博弈法。基于演进博弈法构建区域科技创新服务平台生态化演进博弈模型，为揭示区域科技创新服务平台生态化演进规律奠定基础。

（5）协同度测算法。运用复合系统协同度测算模型识别区域科技创新服务平台生态化演进阶段，为区域科技创新服务平台生态化服务模式选择提供依据。

（6）组合赋权法与规则评价法。运用层次分析法与熵值法相结合的组合赋权法，对区域科技创新服务平台生态化服务效果评价指标进行权重赋值，并基于规则的评价方法，构建区域科技创新服务平台生态化服务效果评价模型。

1.4.3 技术路线

本书的技术路线如图 1-1 所示。

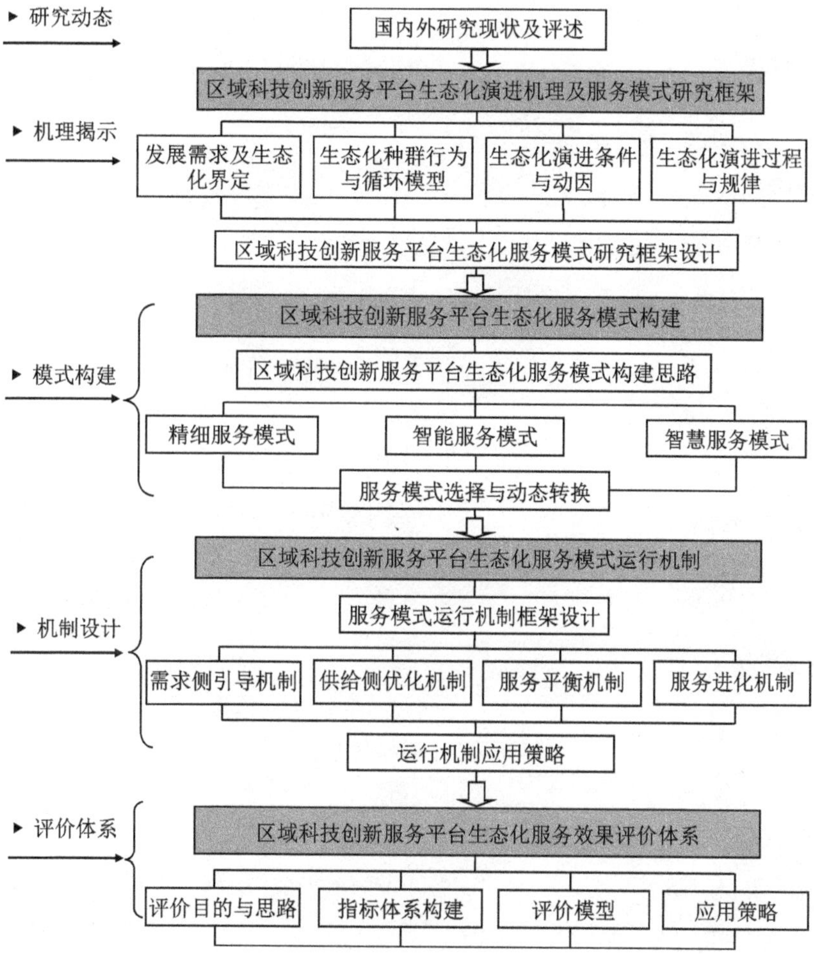

图 1-1 技术路线图

第 2 章　区域科技创新服务平台生态化演进机理及服务模式研究框架

区域科技创新服务平台生态化发展是一个具有长期、动态、系统和复杂性的进化过程，需要结合区域经济、科技及产业可持续发展的战略需求，运用生态化发展理念，系统地对区域科技创新服务平台进行生态化界定，深入分析其生态化演进条件与动因，科学揭示其生态化演进过程与规律，为区域科技创新服务平台生态化服务模式构建奠定理论基础。

2.1　区域科技创新服务平台服务功能与发展需求

为了对区域科技创新服务平台生态化演进机理进行系统、深入的研究，首先须对区域科技创新服务平台内涵、特征、服务功能、服务流程及可持续发展需求进行界定与分析。

2.1.1 区域科技创新服务平台的内涵及特征

2.1.1.1 区域科技创新服务平台的内涵

区域作为一种具有内聚性和同质性的地域空间，主要以地理和经济特征为基础，往往没有准确的范围及边界，可以指多个国家乃至全球，也可以指单个国家或某个具体地区，根据不同的研究需要有不同的划分标准。本书按照我国科技发展规划需求及实际平台建设布局，结合各省际间的发展需要、创新基础及资源禀赋不同，以省级行政区为区域研究范围，探讨各省级行政区的科技创新服务平台可持续发展与服务问题。

区域科技创新服务平台是指面向区域科技创新复杂需求及战略性新兴产业发展实际需要，以区域共享平台为核心节点、各重点产业领域技术平台为基础节点，运用现代化网络技术，通过科技资源在各节点间的有效汇集、共享使用及再配置，构筑的一种基于多样化联盟合作关系相互交织的综合性、网络化平台服务体系，其不仅能高效汇聚区域内共享平台和技术平台的优质科技资源，综合集成各平台特色服务功能，还对促进区域科技创新及战略性新兴产业发展具有重要的服务支撑作用。其中，共享平台是指为服务区域科技创新，将区域内不同形态、不同种类的多样科技资源进行有效集聚、整合与共享，并面向区域科技创新主体提供与其创新活动相关的仪器设备共享、科技成果转化等基础性科技资源共享服务的一类公益服务机构；而技术平台是指为支持区域特定战略性新兴产业发展及产业链中单一技术创新环节的共性技术需求，所建设的一类专项提供技术研发、关键技术攻关、检验检测、技术咨询和技术培训等专业化服务的中介组织。

2.1.1.2 区域科技创新服务平台的特征

区域科技创新服务平台作为国家科技基础条件平台体系的重要组成部分，其建设与发展既需要根据国家科技基础条件平台的总体部署，还需要结合区域特色优势产业与战略性新兴产业发展的实际需要。同时，区域科技创新服务平台作为一种新型网络化平台服务体系，其网络结构如图 2-1 所示，即在联结国家科技基础条件平台的基础上，区域科技创新服务平台内共享平台与各重点产业领域技术平台，须相互之间依托科技资源共享保持相对稳定的联盟合作关系。因此，战略性、综合性、网络性、根植性及服务性应当是区域科技创新服务平台具有的核心特征。

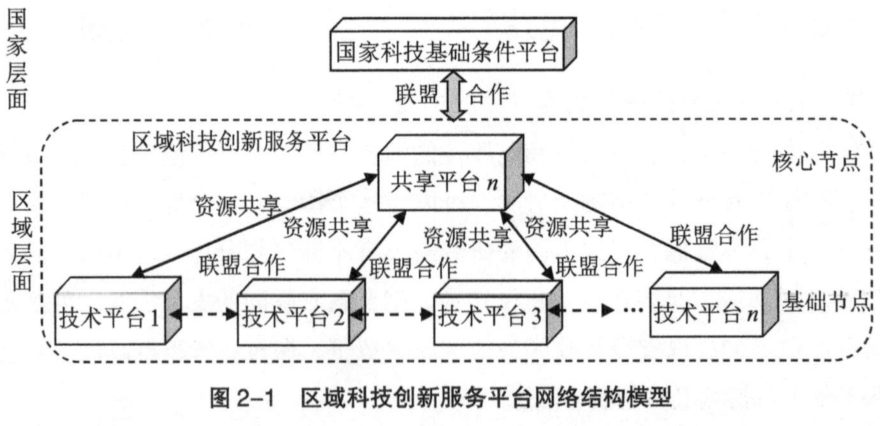

图 2-1　区域科技创新服务平台网络结构模型

（1）战略性。区域科技创新服务平台的建设一方面是为了顺应区域科技创新发展战略需求，结合当地科技与经济发展特色、科技资源禀赋及创新基础等做出的一项重要战略决策，其对国家及各地方科技创新发展具有重要服务支撑作用；另一方面对加快区域传统产业升级及战略性新兴产业发展，提升区域科技创新水平具有重要的创新引导作用与战略指导意义。

（2）综合性。区域科技创新服务平台是在区域各级政府规划以及市场推动下，基于国家科技基础条件平台的战略指引，为更加有效地服务支撑区域科技创新及战略性新兴产业发展、优化配置区域科技资源，而围绕区域内共享平台与技术平台联盟合作及协同发展所形成的一种综合性平台服务网络，其对引导区域科技创新发展、完善区域科技服务体系建设具有重要作用。

（3）网络性。区域科技创新服务平台是一个在特定空间内，集聚大量科技资源、涉及多方主体并由多个具有相对独立功能与结构的共享平台和技术平台共同构成的复杂化网络系统。在网络系统内部，遍布着由共享平台为主节点、各重点产业领域技术平台为子节点，以及各平台内部创新主体之间依托科技资源共享与技术服务支持所形成的交互式网络关系。由于区域科技创新服务平台所涉及的多种创新主体在资源需求、服务能力、发展方向等方面具有差异性，使得网络系统内部的组织结构与关系存在着一定的复杂性与不确定性，因此区域科技创新服务平台需要合理协调网络系统内部各子平台及创新主体间的动态关系，使其形成相互融通、共同发展的有机统一体。此外，区域科技创新服务平台与区域创新环境之间也存在着较强的紧密联系，随着环境的不断优化，区域科技创新服务平台也将逐步向更适合其发展的方向与路径演进。

（4）根植性。区域科技创新服务平台的发展定位是在国家科技基础条件平台的宏观指导下，根植区域，聚焦区域特色产业发展及战略性新兴产业创新，为推进区域科技创新活动开展，而依托区域内共享平台与技术平台联盟，协同为区域科技创新提供有效服务支持的综合服务网络，其建设既要符合国家的总体部署，又要结合区域的战略布局，并着眼区域科技创新长期发展规划，面向区域科技创新需求及产业发展需要，可持续提供基础性科技资源共享及专业化技术支持的优质服务供给。

（5）服务性。区域科技创新服务平台所属于区域科技服务体系，是一种链接科技资源需求与供给的中介服务载体，其最根本的特征是通过对区域内共享平台与技术平台的有机集成，为区域科技创新发展提供有效的科技服务支持。区域科技创新服务平台的服务性主要体现在依据不同类型科技资源特征，针对用户多样且复杂化的科技创新需求，通过科技资源整合共享与匹配的方式，为用户的不同科技创新需求提供相对全面、满意化的科技服务供给。

2.1.2 区域科技创新服务平台的服务功能

区域科技创新服务平台作为一种集成区域内共享平台与技术平台的复杂平台网络系统，以区域科技创新需求为驱动，整合共享区域科技资源为核心，通过将区域内原本闲置、分散的科技信息、科研成果、基础设施、服务机构、科技人才等多种科技资源进行集聚整合与优化配置，实现对区域科技创新活动开展提供全链条式的科技服务支持，以推动科技资源与用户需求间的有效对接。由于区域科技创新服务平台是包含具有独立组织形态的共享平台与技术平台的集成平台网络体系，各子平台的服务范围、功能定位及服务特色存在一定的异质性，综合各子平台服务功能，本书将区域科技创新服务平台的服务功能按照创新链的不同环节，分为创新支撑型服务模块和创新配套型服务模块，如图 2-2 所示。

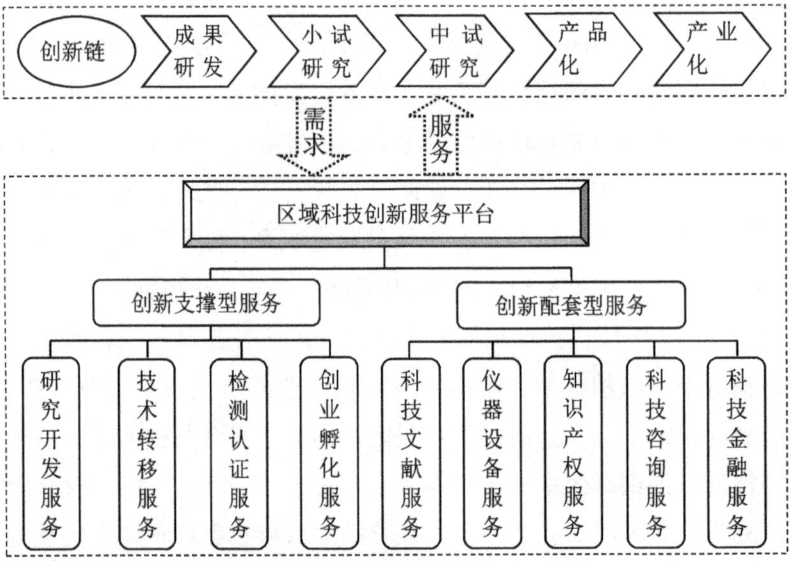

图 2-2　区域科技创新服务平台服务功能

2.1.2.1 创新支撑型服务

创新支撑型服务是指基于创新链的关键环节，即从科技成果的研发设计阶段到产业化阶段的平台核心支撑服务 [139-140]，主要包括研究开发、技术转移、检测认证和创业孵化四个服务业态。

（1）研究开发服务。科技成果的研发是科技创新过程的起点与基础，可以分为科技研发和技术研发两方面。区域科技创新服务平台以满足用户研究开发需求为服务目标，通过整合高校、科研院所或其他研发机构的科研设施、共性技术、R&D人员等研发资源，依托区域内重点实验室、工程技术中心、分析检测中心、技术研发基地等研发服务机构，为用户提供产品开发设计、技术研究、试验开发等专业化研发服务。区域科技创新服务平台的研究开发服务既能有效解决用户面临的科研技术难题，又能降低用户研发成本，增强用户研发能力，对推动区域科技创新发展及创新效率的提升至为关键。

（2）技术转移服务。技术转移是指技术由其拥有者向使用者转移的动态过程[141]，是科技成果转化为产品的关键途径。区域科技创新服务平台基于技术转移市场需求，以科技成果转化交易服务体系为支撑，通过集聚整合区域内科技成果，依托区域技术转移中心、科技成果转化中心、成果推广中心等多种技术转移服务机构，面向用户提供跨领域、全流程的技术推广、成果展示、成果对接、新兴技术交流等技术转移集成服务，以促进科技成果的转化应用及共性、关键技术的转移扩散。

（3）检测认证服务。在科技创新过程中，检测是指对科技成果的某项技术性能指标进行检验测试的过程；认证是指判断科技成果是否符合相关标准或规范的过程。区域科技创新服务平台通过整合协调区域内检测实验室、质量认证中心、校准中心、分析检测中心等检测认证机构，依据用户需求，为其提供科学、公正、权威的多领域检验检测、多标准认证测试、多方面计量校准等专业化检测认证自助服务，以保障科技成果的质量安全，为区域科技创新活动的顺利开展提供支持。

（4）创业孵化服务。区域科技创新服务平台基于“大众创新、万众创业”发展趋势，通过整合高校科技创业园、企业孵化器、创业中心、创客空间等多类型创业孵化器的创新创业服务资源，对创业人员或科技型小微企业等用户提供创业项目、创业培训、经营场地、共享设施、创业导师指导、投资对接、法律政策等综合性创业基础及延伸服务，以提高用户创业成功效率，降低用户创业成本及风险。

2.1.2.2 创新配套型服务

区域科技创新服务平台在为用户科技创新提供支持型服务的同时，还需为其提供科技文献、仪器设备、知识产权、科技咨询、科技金融等配套型服务，以充分整合区域科技资源、全面服务科技创新、完善平台服务体系构建、营造良好的科技资源共享与创新创业环境。

（1）科技文献服务。科技文献作为一种重要的科技基础资源，对科技创新活动开展具有重要作用。区域科技创新服务平台通过链接与集成区域内高校、科研院所、公共图书馆等多种文献信息系统，对国内外期刊、会议、成果、学位论文、标准等多学科、多种类的基础科技文献资源进行有效整合与重组，并基于海量数据的挖掘与分析，面向不同用户的多样化科技创新需求，提供相对全面的文献检索、定题跟踪、全文传递、文献推送与分析等公共文献信息服务支持，以提高科技文献服务范围与服务能力，为用户科技创新活动的开展提供文献参考依据。

（2）仪器设备服务。仪器设备同样作为极其重要的科技基础资源，可应用于科技创新活动的多个环节。区域科技创新服务平台为了实现其高效利用与共享，针对用户不同科技创新阶段对仪器设备的不同需求，通过充分集聚区域内分析仪器、计量仪器、特种探测仪器、工艺试验设备等大中型仪器设备资源，按照服务领域、仪器类别等方式对其进行整合分类，并建立仪器设备资源库，主要为用户提供信息搜索、线上预约、仪器展示等开放共享的仪器设备专项服务，以实现仪器设备的供需匹配，促进仪器设备的高效利用，为平台的可持续发展提供基础条件支持。

（3）知识产权服务。知识产权是一种具有创造性和时效性的无形智力成果。区域科技创新服务平台对企业、高校等创新主体知识产权进行保护与共享，依托各类专利数据库及专业知识产权服务机构，面向用户对商标、专利、版权等方面的不同服务需求，提供专利检索、专利代理、专利防御、风险评估、交易对接、战略规划与部署等相对全面的知识产权服务，以有效保护用户知识产权信息，增强其自主创新及知识产权保护能力与意识。

（4）科技咨询服务。区域科技创新服务平台通过构建科技专家库的方式，汇集区域内不同领域、不同层次的具有丰富实践经验及扎实专业知识的专家与人才，依据其对所属技术领域及专业知识的了解与认识，为用户提供科技指导、技术攻关、科技评估、产品创新、决策咨询、科技战略规划等科技咨询与专家特约服务，为用户科技创新活动的开展提供集成化的技术支持与定制化的解决方案。

（5）科技金融服务。科技创新需要资金支持，区域科技创新服务平台为满足用户尤其是科技型中小企业不同创新环节的资金需求，通过引入商业银行、担保公司、创投机构、投资管理公司、小额贷款机构、天使投资公司等多种金融服务机构的方式，为其提供创业投资、科技贷款担保、投融资策划、科技金融产品等多元化、多渠道的科技投融资体系支持，以引导市场化资金流向科技创新，加快促进科技成果转化落地及区域科技型中小企业发展。

2.1.3 区域科技创新服务平台的服务流程

服务起源于需求，区域科技创新服务平台的服务流程以区域科技创新及战略性新兴产业发展的实际需求为出发点，通过识别与分析将区域内不同服务需求方的不同需求，按其属性特征分为共性需求、核心需求与战略需求三类[142]，并将各类需求统一集成于科技需求库，再依据区域科技创新服务平台对区域内人力、资金、物力、技术、信息等多种类科技资源的集聚与整合，实现区域科技创新需求与科技资源的匹配对接。区域科技创新服务平台的服务流程，如图 2-3 所示。

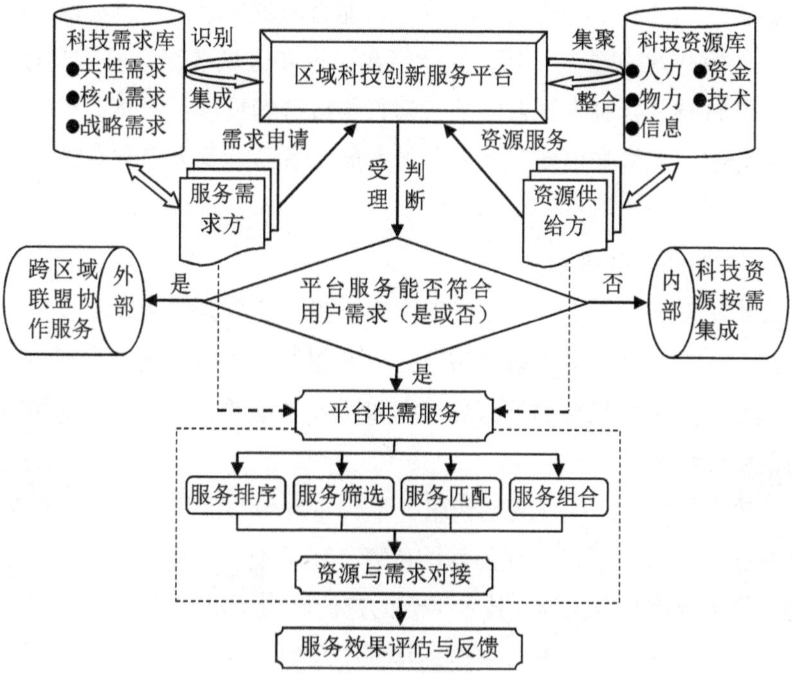

图 2-3　区域科技创新服务平台服务流程

区域科技创新服务平台具体服务流程为：服务需求方在向平台提交需求申请时，平台需对当前已集聚的科技资源及自身服务能力进行初步判断，以掌握提供的科技服务能否符合用户需求，如果平台暂时未能提供符合需求的服务，一方面，平台可通过与其他区域平台联盟协作的方式，吸收汇集外部科技资源，以满足用户服务需求；另一方面，平台需要依据用户需求重新集成优化区域内部科技资源，以提高科技资源服务范围，按需为用户提供科技服务方案。如果平台目前能满足用户需求，则平台需要及时、准确地将现有科技资源或服务进行服务排序、服务筛选、服务匹配与服务组合，并以自身为载体，将服务需求方与资源供给方的科技创新需求与科技资源进行匹配对接，为用户提供其所需的科技服务。此外，每次平台提供服务后，用户需对平台服务效果进行评估与反馈，为提高平台服务水平、创新平台服务方式等提供科学依据。综上可以得出，区域科技创新服务平台遵循“需求集成→资源汇聚→服务匹配→服务创新”的服务流程。

2.1.4 区域科技创新服务平台的发展需求

区域科技创新服务平台的建设不仅是实现区域科技资源优化配置，促进区域科技创新活动开展及提升区域科技创新能力的重要手段，还对推动区域战略性新兴产业发展具有重要作用。因此，在国家和区域各级政府的高度重视下，为保障区域科技创新服务平台的平稳运行与可持续发展，从外部环境和内部自身两方面分析区域科技创新服务平台的发展需求具有重大现实意义与长远战略价值。

2.1.4.1 外部环境需求

区域科技创新服务平台的发展不仅需要国家及各省市政府在政策上给予引导与扶持，还需要日益与区域经济、产业及创新氛围协同联动发展。因此，区域科技创新服务平台发展的外部环境需求主要考虑政策扶持、经济协同、产业支撑与创新环境四个方面。

（1）政策扶持。区域科技创新服务平台主要包含区域内共享平台和各重点产业领域技术平台，不仅具有公益性色彩，还呈现出市场化特性，其中，共享平台的运作主要由政府主导，技术平台的建设则通常由产学研机构承担。因此，政府作为一个非常重要的参与主体，其颁布及实施的各项创新相关政策都将直接影响平台的建设和发展进程。区域科技创新服务平台未来的建设格局、发展定位与方向也都需要国家层面政策的统一指引，再结合区域各级政府发展规划进一步实行统筹协调，为区域科技创新服务平台运行与发展提供具有针对性的政策指导，从政策制度层面扶持与保障平台的健康发展与良好运行。

（2）经济协同。区域科技创新服务平台所处区域的经济发展水平、经济结构、经济体制、经济发展战略等经济环境，对平台发展同样具有至关重要的影响作用。区域科技创新服务平台的发展需顺应周围经济环境的转变，并与区域经济协同发展，以从经济视角探索平台持续发展方向与自身发展优势。

（3）产业支撑。区域科技创新服务平台的发展以区域战略性新兴产业创新为支撑，须经过充分考虑和衡量区域内战略性新兴产业与优势产业的发展格局，结合各产业领域发展特色，掌握各产业领域开展科技创新的实际需求及其科技发展战略要求等，因地制宜地为用户提供所需科技资源开放共享及技术服务支持，从根本上实现平台有效服务支撑区域科技创新的建设宗旨及平台与区域战略性新兴产业发展间的长久互动。

（4）创新环境。良好开放的创新环境有利于区域科技创新服务平台的可持续发展与运行，特别是在国家提倡全民创新创业的黄金时代，区域科技创新服务平台的发展更加离不开营造优质、适宜的创新创业氛围。而区域创新环境的不断优化能有效激励区域创新主体开展科技创新的积极性，进而在一定程度上加快平台发展步伐。

2.1.4.2 内部自身需求

区域科技创新服务平台的发展需要在有效整合区域多样科技资源、服务区域科技创新活动的同时，通过平台自身的供需平衡、持续创新以及跨区域联盟合作，实现科技创新需求与科技资源间的有效匹配，以及创新驱动与联盟网络对平台全面协调可持续发展的支撑作用。

（1）供需平衡。伴随区域科技创新服务平台的快速发展，其内部联盟平台及用户数量与集聚科技资源种类将日渐繁多，如何有效平衡平台间的服务供给以及科技资源与科技创新需求间的匹配关系成为保障平台可持续发展的关键。因此，区域科技创新服务平台在不断吸纳共享平台、技术平台及各平台加盟的创新主体，汇集整合多维度、多种类科技资源的同时，需要基于平台联盟，协同对不同创新阶段不同创新主体的共性需求与个性化需求进行分类识别与分析，并针对用户不同需求逐一平衡匹配平台科技资源，以此在实现平台服务平衡供给的同时，有效协调供需间的平衡，实现资源供需间的合理与精准匹配。

（2）持续创新。区域科技创新服务平台作为一种新兴的综合平台服务网络，须借鉴国外平台的建设经验，并以国家科技基础条件平台的运行模式及总体规划为指引。为保证区域科技创新服务平台的健康、持续与稳定发展，需要其持续处于主动学习与探索状态，不断拓展与丰富集成资源的类别与数量，不断引入新的加盟平台与用户，积极创新与优化科技资源获取、整合方式与平台服务模式，以通过持续创新为区域科技创新创业活动提供更好的网络化、集成化科技服务支持，并为区域科技创新服务平台的可持续发展不断注入新的活力。

（3）联盟合作。面向日益复杂与个性化的科技创新需求及战略性新兴产业发展的实际需要，区域科技创新服务平台内共享平台和技术平台需基于自身服务能力的限制，为了更好地服务支撑区域科技创新发展，积极依托联盟合作形式的开展及联盟合作关系的不断深化，随着新平台及新创新主体的不断加入，逐步扩大区域科技创新服务平台规模，延伸平台服务范围，由此可持续性地推动平台长久稳定发展，以及实现对区域科技创新发展的持续支持。

通过从区域科技创新服务平台发展的外部环境和内部自身两方面，分析区域科技创新服务平台的发展需求，可为区域科技创新服务平台生态化发展理念的提出奠定基础。而区域科技创新服务平台的发展对政策扶持、经济协同、产业支撑、创新环境等外部环境的需求及平台自身供需平衡、持续创新、联盟合作等内部的需求，也将不断指引着区域科技创新服务平台向生态化发展方向发展，如图 2-4 所示。因此，为了加快实现区域科技创新服务平台的可持续发展，本书在剖析平台不同发展需求的基础上，进一步对区域科技创新服务平台生态化进行界定，并提出区域科技创新服务平台生态化演进过程及规律。

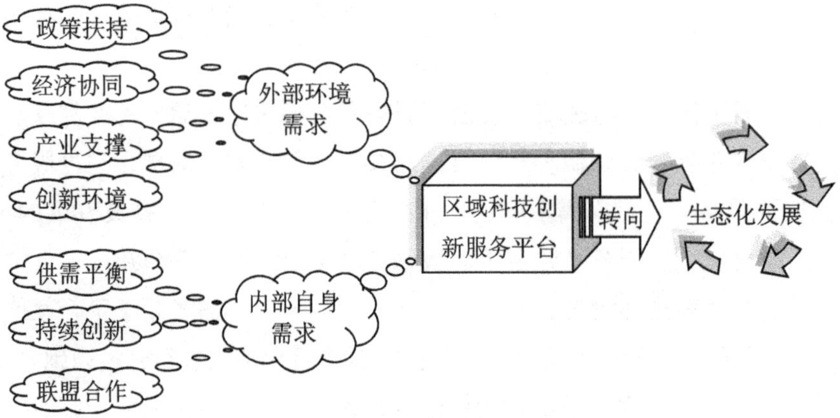

图 2-4　区域科技创新服务平台发展需求分析

2.2 区域科技创新服务平台生态化界定

随着区域科技创新服务平台的不断发展，平台周围的创新环境及其发展空间将不断发生深刻变化，而区域科技创新服务平台的可持续发展需要符合生态化规律，因此，本书对区域科技创新服务平台生态化内涵、特征及种群类型进行界定，为后续区域科技创新服务平台生态化种群行为与循环模型的研究及构建奠定理论基础。

2.2.1 区域科技创新服务平台生态化内涵

在界定区域科技创新服务平台生态化内涵之前，先对生态化、可持续发展、创新网络等与平台生态化内涵界定相关的概念与理论进行梳理与总结，为区域科技创新服务平台生态化内涵的界定提供科学的理论依据。

2.2.1.1 生态化

1866 年，德国学者恩斯特·海克尔最早提出了生态学的概念，认为生态学是一种研究生物体与其周围生物及非生物环境之间相互关系的科学，随后美国学者欧德姆提出生态学是研究生态系统功能与结构的科学。目前，有关生态学的研究已延伸至各个领域，并多以研究生态系统为主，认为生态系统是生态学研究的最高层次，是指在自然界的一定时间与空间内，生物体与环境间通过能量与物质交换而形成的统一整体，具有复杂、动态开放、自组织等特性。生态化概念的提出是结合系统学与生态系统生态学的生态平衡、生态适应与整体性等原理，主要指事物与环境间动态平衡、协同进化的状态和过程，既是对系统生态演化的描述，也是对事物体现的系统性、和谐性、动态性与协调性的高度概括[143]。

2.2.1.2 可持续发展

1987 年，世界环境与发展委员会（WCED）初步提出可持续发展思想，认为可持续发展是指“人类基于对生物圈的管理，使其不仅能满足当代人生存需求，还能保障后代人的生存及永续发展”。而可持续发展涉及自然、生态、科技、经济、社会等多个方面，从自然视角出发，INTECOL 和 IUBS 组织将可持续发展定义为“保护与加强自然环境系统的更新与生产能力”。基于生态视角的可持续发展是指社会发展与经济建设要相互协调，在保护生态环境的基础上，以可持续方式使用环境成本与自然资源，并将人类发展控制在生态承载能力范围之内。在科技视角下，可将可持续发展定义为在工业活动中使用更清洁、更有效的科学技术。侧重于经济视角的爱德华·巴比尔在其著作中认为可持续发展是指“在保证自然资源能持续为人类发展提供服务的同时，实现经济发展净利润的最大化”。而从社会视角考虑，INCN、UNEP 和 WWF 组织联合发布的《保护地球——可持续发展战略》提出可持续发展是“在人类生存不超过维持生态系统涵容能力的状态下，实现人类生活品质的改善”。通过对不同研究视角下可持续发展内涵的归纳，将可持续发展的定义凝练为在经济、社会、环境和资源相互协调发展的基础上，既要实现人类经济发展水平与生活质量的提升，又要保护人类生存的自然资源与环境，使人类后代可永续使用自然资源。

2.2.1.3 创新网络

创新网络的概念于 1991 年由经济学家 Freeman 正式提出，他认为创新网络是一种能够应对系统性创新的基本制度安排，其网络架构形成的联结机制是基于各企业间的创新协作关系[144]。自创新网络理论的提出，学术界分别从不同视角对其展开了研究，并主要分为经济学视角、管理过程视角与网络构成主体视角三类。基于经济学视角，池仁勇（2007）提出区域中小企业创新网络的形成是由中小企业、大学、科研院所等结点组成，各结点间可通过合作的方式为中小企业创新活动提供不同创新资源，从而形成各种正式或非正式的合作与交流关系[145]。基于管理过程视角，Harris（2000）认为创新网络是指不同创新参与者共同参加新产品形成、开发、生产与销售的过程，并通过交互作用构建科学、技术和市场之间的直接与间接、互惠与灵活的关系[146]。基于网络构成主体视角，Ekkarinen（2006）指出企业创新网络是由企业、科研机构、政府与中介机构等多种网络主体共同构成[147]。总结学者们有关创新网络的研究，可得出创新网络的形成既有利于创新主体间不同生产要素的快速扩散、转移、创新与增值，又有利于创新主体获得重要的创新协同作用与技术产品的交互创造，以降低创新主体的交易成本并增强其竞争优势。

综上，在融合生态化、可持续发展、创新网络等理论及区域科技创新服务平台内涵的基础上，面向日益复杂与个性化的科技创新需求，结合区域科技创新服务平台的实际发展需要，本书基于生态化发展理念，为实现高效配置区域科技资源、大幅提升平台服务效率、有效平衡服务供需，基于平台间联盟合作，围绕服务协同，为用户提供更加精细、高效及可持续的科技服务支持，提出区域科技创新服务平台生态化内涵是指基于区域内共享平台与技术平台间联盟合作的开展，围绕科技资源在其间的不断传递与共享，促进区域科技创新服务平台各构成子平台及其加盟创新主体形成创新生态网络，并在区域创新生态环境影响下，逐渐发展成由多种创新生态网络关系构成的复杂网络状平台生态系统，进而协同服务于区域科技创新的过程。由此可见，区域科技创新服务平台生态化实质上是以生态系统为视角探索平台可持续发展的过程，也是一种试图达到的高效集成区域科技资源、避免科技资源冗余、实现科技资源循环使用及科技服务供需动态平衡匹配且最大化服务支撑科技创新的最佳共享平台与技术平台协同发展的状态。

2.2.2 区域科技创新服务平台生态化特征

基于生态化内涵界定，区域科技创新服务平台生态化是平台生态系统的形成与发展过程，因此，以生态系统为视角，提出区域科技创新服务平台生态化主要具有以下特征：

2.2.2.1 整体稳定性

区域科技创新服务平台生态化可以看成是汇集多样科技资源，由区域内共享平台、技术平台及加盟各平台的若干创新主体共同构成的有机整体的协同发展过程。区域科技创新服务平台生态化的实现，需要其内部所包含的各平台具有高度一致的服务科技创新目标，并紧密围绕该目标在整体上推动区域科技创新服务平台向统一方向发展。此外，区域科技创新服务平台作为一种提供一体化创新服务的平台网络，基于宏观视角，其内部共享平台作为由政府主导建设的公益类服务组织，是区域科技创新服务平台网络体系中的核心节点，可作为平台的管理者，统筹协调与技术平台等基础节点间的联盟关系；基于微观视角，区域科技创新服务平台内加盟的共享平台及技术平台的各种创新主体之间围绕科技资源的流动与交互，相互联系、相互合作、相互依赖，进而逐渐形成具有稳定结构的有机复合体，并与区域科技创新服务平台协同进化。因此，区域科技创新服务平台生态化所涉及的各种创新要素之间的有机关联，都将共同决定区域科技创新服务平台的整体结构与服务功能。同时，区域科技创新服务平台生态化的整体稳定特性需要平台自身具有自我调控、自我恢复与自我适应的能力，从整体角度促进平台长期处于一种相对稳定状态，进而实现可持续发展。

2.2.2.2 动态演化性

区域科技创新服务平台生态化发展是一个复杂的非线性运动过程，也是一个开放式平台生态系统的发展过程。在系统内部，围绕多样的科技资源，区域科技创新服务平台包含的共享平台、技术平台及众多的平台加盟主体在相互协调、相互作用的过程中不断向前进化发展，并推动整个平台生态系统动态演化。区域科技创新服务平台生态化随着时间的推移，将是一个由简到繁的进化过程，在该过程中，系统内部的平台、加盟主体及其汇集整合科技资源的数量、类别与范围等都在随之发生变化，并逐渐向更高层次的发展状态跃进，以不断适应系统外围创新生态环境的动态变化，加速推动区域科技创新服务平台生态化发展进程。

2.2.2.3 多样共生性

多样创新主体加盟区域科技创新服务平台是实现平台生态化发展的重要基础，也是保证平台可持续发展的基本前提。区域科技创新服务平台内部加盟各子平台的创新主体通过技术、人才、知识等科技资源的不断交互，可形成错综复杂的创新生态网络，并在其竞争合作过程中实现共生发展。区域科技创新服务平台生态化的多样共生性特征意味着加盟平台的众多创新主体需要与平台整合共享的科技资源、平台外部创新生态环境之间进行持续地对接与交互，而多样性特征要求平台生态化发展应尽可能多地吸纳及汇集区域内外的创新主体和科技资源，而共生性特征则要求加盟平台的创新主体数量需达到平台生态化发展的最适宜多样性状态。

2.2.2.4 耗散协同性

区域科技创新服务平台生态化不是一个孤立进行的发展过程，而是需要平台内部各子平台不断与外部的创新生态环境之间进行能量、物质、信息的交换与传递，进而逐渐形成区域创新效率与平台整体服务水平持续提升的有序发展过程。区域科技创新服务平台生态化发展需要开放的外部环境，而外部创新要素的引入能够促使平台内部科技资源及创新主体的不断演替与竞合，从而促使平台不间断地处于涨落状态，即从非平衡、混沌无序状态向稳定、有序状态转变。此外，区域科技创新服务平台作为一个复杂网络体系，其生态化发展需要内部联盟的共享平台和技术平台之间相互协同与相互支撑，确保为加盟的各创新主体提供有效的供需平衡匹配服务，以实现科技资源的高效利用及推进科技创新活动的有效开展，因此，区域科技创新服务平台生态化具有耗散协同的特征。

上述分析表明，区域科技创新服务平台生态化实质上可视为是一个涉及创新主体多样共生，且能够自我调控、自我恢复、自我适应和自我平衡的具有动态演化与耗散协同特性的区域科技创新服务平台生态系统的形成与发展过程。

2.2.3 区域科技创新服务平台种群类型

种群作为生态学研究中的基本概念，是指在一定时间内占据一定空间的同种生物的所有个体[148]。在自然界中，种群是自然生态系统的基本构成要素，也是物种存在、物种进化和表达种内关系的最小生态单位。将区域科技创新服务平台生态化视为一种平台生态系统的发展过程，其类似于自然生态系统，在系统内部，区域科技创新服务平台生态化所涉及的种群是指具有相同功能行为、资源能力和创新特征的开展科技创新活动的创新相关主体的集合，其主要分为高校种群、科研院所种群（以下简称科研种群）、企业种群、中介种群、金融种群和政府种群六大类别，如图 2-5 所示，各类种群在平台生态化发展过程中体现着不同的作用与地位。

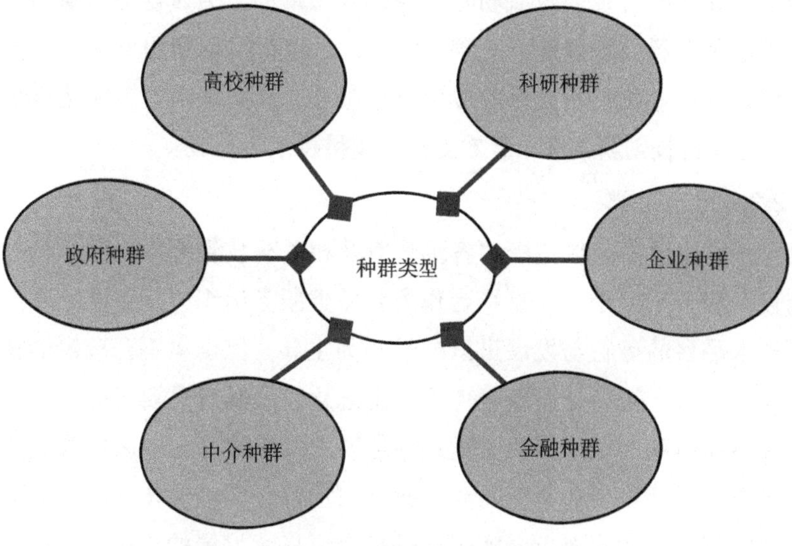

图 2-5　区域科技创新服务平台种群类型

2.2.3.1 高校种群和科研种群

高校种群和科研种群是区域各产业领域关键技术、基础及应用成果的主要提供者，拥有专业技术人才、先进实验基地、完备基础设施、丰富研发资源等科研优势，因此，大部分领先技术及创新成果都是由高校与科研机构研制。高校种群与科研种群作为重要的科研主体，区域科技创新服务平台可通过对其先进科研设备、技术研发人才、共性技术等研发资源的集聚与整合，为用户提供关键及配套技术研发、专家咨询、人才培养、项目申请、知识传播、仪器设备共享等服务支持，以充分发挥高校种群及科研种群服务区域科技创新活动的基础性作用。

2.2.3.2 企业种群

企业种群通常是平台服务的主要需求方，但也可作为技术类科技资源的供给方。在企业种群中，研发型企业及具有独立研发中心的大型科技企业大多为技术创新主体，其性质及资源供给类型与高校、科研种群相似，但其对市场需求及相关产业的技术研发方向具有较高的了解度，其研发的新技术往往更能贴合市场的实际需求及产业的发展趋势。而该类具有自主研发能力的科技企业，依托区域科技创新服务平台，主要采用技术转移及推广的方式为平台其他用户提供新研制的科技成果、先进技术等科技资源。除此之外，其他的科技企业尤其是科技型中小企业则是平台服务的主要需求方，企业作为科技创新的一种重要主体，在其开展科技创新活动时需要投入大量的人力、物力与财力，而企业自身发展水平及科技创新能力有限，因此，区域科技创新服务平台需为其新产品概念形成到产业化过程提供阶段性科技服务，以满足企业多样化科技创新需求，提升企业科技创新效率，有效支持企业科技创新发展。

2.2.3.3 政府种群

政府种群主要由区域范围内各级政府及相关科技管理部门等机构构成。区域科技创新服务平台中的共享平台作为公益类服务组织，其建设主要由政府主导，而技术平台的运行与发展虽以产学研为主导，但也离不开政府的扶持，因此，政府种群对区域科技创新服务平台生态化发展具有重要支撑、推动与协调作用，并主要体现在以下四个方面：一是区域各级政府围绕区域重点产业结构调整、科技及经济发展的不同需要，通过制定符合区域科技创新服务平台发展特色的战略规划及规章制度，实现促进平台可持续发展的战略目标；二是区域各级政府依托区域科技创新服务平台，通过政策引导和科技基础条件建设、专项资金支持等方式鼓励产学研合作创新；三是政府为营造良好并适合区域科技创新服务平台生态化发展的创新环境与氛围，需要建立完善和健全的法律规章制度、科技投融资及知识产权保障体系；四是区域科技创新服务平台集聚整合区域范围内的各类科技资源，需要政府的引导与鼓励，例如，大型仪器设备、科技文献、科学数据等科技资源的开放共享，政府应给予大力的政策扶持和资金补助，以有效提高科技资源的服务范围与深度。

2.2.3.4 中介种群

中介种群是指为区域科技创新服务平台服务需求方提供科技评估、创新决策、管理咨询、专利申请、项目申报、行业分析、产品设计、法律咨询、科技孵化等公证类、信息类及代理类服务的创新辅助类主体，主要包括检测认证机构、知识产权服务机构、科技咨询机构、人才培训机构及创业服务机构等。该类种群依托区域科技创新服务平台对核心创新主体与市场之间的技术转移及知识流动具有关键促进作用，也是推动科技成果转化及产业化的重要桥梁与纽带，同时中介种群提供的各类专业化服务不仅能有效降低企业的创新成本及创新风险，还能推进科技成果转化、提高区域整体创新绩效。

2.2.3.5 金融种群

科技创新及战略性新兴产业的高速发展离不开金融支持，而区域科技创新服务平台生态化发展所集聚的金融种群能为区域内各类科技创新主体提供多样化的融资渠道，以满足不同科技创新环节，尤其是技术研发、科技成果产业化等阶段的持续资金需求。

金融种群主要包括政策性银行、证券银行、信托投资公司、保险和基金管理公司等服务机构，其通过为平台用户提供科技贷款担保、创新金融产品、金融支撑政策、金融配套服务、投融资策划等科技金融支持，加快促进科技研发、科技成果转化落地及区域科技产业发展。

基于上述分析，区域科技创新服务平台生态化发展面向区域科技创新需求及战略性新兴产业发展需要，通过集聚多样科技资源为用户提供所需满意化科技服务支持。而加盟平台的高校种群、科研种群、企业种群、政府种群、中介种群和金融种群六大类创新主体，不仅是平台服务的需求者，还是平台资源的提供者，主要依据其在科技创新不同环节所处地位、角色与需求的不断变化，由平台资源供给方向科技服务需求方自动转变。因此，高校种群、科研种群、企业种群等共同构成了平台的资源供给方与服务需求方。区域科技创新服务平台各类种群在平台运行中的作用及功能，如图 2-6 所示。

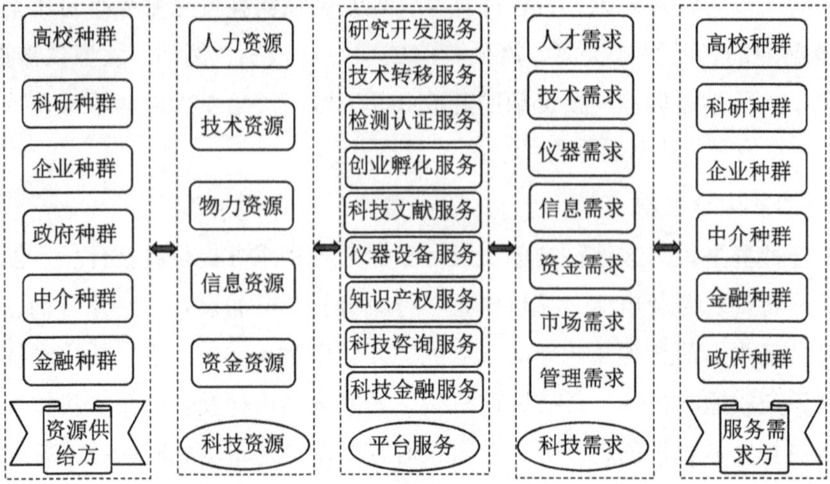

图 2-6　区域科技创新服务平台种群功能

2.3　区域科技创新服务平台生态化种群行为与循环模型

基于对区域科技创新服务平台种群类型的划分，剖析各种群间互动关系，并基于服务链探究平台种群共生行为，构建区域科技创新服务平台生态循环模型，对深入研究区域科技创新服务平台生态化演进条件及动因具有重要意义。

2.3.1 区域科技创新服务平台种群互动关系

区域科技创新服务平台生态化即围绕其内部联盟的共享平台与各重点产业领域技术平台各自实现有效发展的同时，在整体上实现协同发展的可持续过程，也是作为在一定空间范围内，由高校种群、科研种群、企业种群等不同种群构成，并以信息、能量与物质交换为基础的具有整体稳定、动态演化等特征的平台生态系统的形成与发展过程，其各类种群之间及种群与周围创新生态环境间存在着紧密复杂的有机联系。依据各类平台种群对科技创新及平台生态系统的关联、功能和作用，将其划分为两个层级，即由高校种群、科研种群和企业种群构成的创新核心层，以及由政府种群、中介种群和金融种群构成的创新辅助层。而区域科技创新服务平台各类种群间及其与创新生态环境间的互动关系可分为三部分，一是创新核心层的内部互动；二是创新核心层与创新辅助层间的互动；三是创新核心层、创新辅助层与创新生态环境层间的互动。

2.3.1.1 创新核心层内部的互动关系

创新核心层主要包括加盟区域科技创新服务平台的高校种群、科研种群和企业种群三类开展科技创新活动的核心主体，其内部各种群间的互动关系可分为以下三种：

（1）高校种群与科研种群间的互动关系。区域科技创新服务平台的高校种群与科研种群作为科技创新研发的关键主体，是科技资源的重要提供者，能为平台加盟用户提供涉及科技成果研发、关键技术攻关等相关科技资源与服务。高校种群和科研种群所提供的科技资源类型及服务方式具有一定的相似性，由于其大多拥有先进知识、技术、设备、实验基地与高端科技人才等研发所需基础条件，两者间的互动关系主要以合作为基础，可具体体现在技术与人才、知识与信息间的交流与共享。高校种群与科研种群间的合作交互，有利于共同实现科技创新活动中新科技成果及技术的研发与创新，使区域科技创新服务平台能够有效集聚整合更多、更广的科技资源，为用户提供大量科技人才支持、多元科技信息交流、科技成果与技术研发等所需资源与服务。高校种群与科研种群间的互动合作将有助于双方发挥自身理论研究与技术开发优势，提高区域高新技术研发水平及科技创新能力，并不断丰富区域科技创新服务平台的资源储备类型与数量。

（2）企业种群与高校种群间的互动关系。企业种群作为科技创新活动开展的重要主体，主要通过区域科技创新服务平台向高校种群寻求研究开发、技术转移、仪器设备共享、科技咨询、科技文献等科技服务。高校种群经过长期科研积累，拥有丰富科技资源及其优势学科等相关技术领域的高水平专家研发团队，能够为企业的科技创新需求提供相应科技服务。目前，大部分企业种群缺乏自主创新能力，高校种群也普遍存在科研经费不足、缺乏对市场发展需求的了解及产业相关技术创新的动态把握等共性问题，使其研发的科技成果难以贴近市场并在其内部实现自行转化，因此，企业种群与高校种群可依托区域科技创新服务平台，搜索各自所需科技信息及资源，通过协同创新、联合开发、技术入股等产学合作方式实现科技成果的对接与转化。同时，高校种群自拥的科技人才、科研基础设施等专业化科技资源，能为加盟平台的企业种群提供与科技研发相关的服务支持，以推动企业科技创新及其技术创新的转化与扩散。企业种群与高校种群间的合作创新关系既能有效降低企业创新成本、提高企业创新效率，又能使高校的大型仪器设备及其研发的科技成果得到充分利用，进而激发高校科技人员的研发热情、提高其创新能力。

（3）企业种群与科研种群间的互动关系。科研种群是专项长期从事科学技术研究及开发活动的主体，拥有丰富的研究人员、科研设备、研发成果等科技资源，既能自主研发技术创新成果，也能基于高校的基础性研究成果进一步实行工程化。科研种群作为实现技术创新研发及工程化的重要主体，能依托区域科技创新服务平台为企业种群提供行业共性技术攻关及高端技术研发等服务支持，以推动企业种群的产品开发与产业化。企业种群通常注重产品的生产、销售与推广等创新链末端环节，自身的技术水平及研发能力难以满足其对技术创新的需求，因此，作为区域内主要的技术需求方，需要以区域科技创新服务平台为中介载体，通过科技成果的转让与对接实现与科研种群间的合作交流。企业种群可依托平台利用委托开发和技术联盟等方式与科研种群共同开展科技创新活动、研发先进技术成果，也可直接向科研种群购买成熟技术和具有市场价值的科研成果等资源或服务，两者之间的互动关系主要以技术合作的方式体现，这样既能有效减少企业的研发成本、降低企业自主研发风险，又有利于科研种群持续循环地进行新产品或新技术的研发与测试、促进区域科技成果转化进程、推动区域科技创新发展。

2.3.1.2 创新核心层与创新辅助层间的互动关系

创新辅助层主要包括政府种群、中介种群、金融种群等辅助科技创新活动开展的服务主体。创新核心层与创新辅助层间的互动关系主要体现为以下三种方式：

（1）政府种群与高校、科研种群间的互动关系。政府种群与高校、科研种群之间具有紧密的联系，区域科技创新服务平台主要集聚整合区域内高校、科研种群的仪器设备、实验基地、科技园区等基础设施资源，以及科技人才、科研项目、创新技术等科研资源。这些资源的来源与培育，例如，大型仪器设备购置、实验基地与科技园区创办与扩建、科技人才培养、科研项目申请、技术攻关等，都离不开政府种群的政策引导、扶持与资金支持。同时，政府种群也需对高校、科研种群能享受优惠政策及优先资助的技术研发方向与研究领域等信息进行充分掌握，以最大限度地为高校、科研种群的科技成果研发与技术创新提供有力支持。此外，高校、科研种群自身所具雄厚的科研实力，能够为平台用户及时提供领先和适用的研究开发、科技咨询等服务，以满足政府在科技创新方面的需求并加快推动政府实现提升区域科技创新能力、促进区域科技与经济发展的目的。

（2）政府种群与企业种群间的互动关系。政府种群与企业种群间的互动关系，以政府依托区域科技创新服务平台引导与支持企业科技创新为基础。政府种群需要结合其所在区域的科技发展战略及规划特色，通过制定与出台促进科技创新发展的相关法规政策，为企业种群科技创新活动开展营造健康、良好市场环境与氛围，以增强企业科技创新动力。此外，政府种群还可通过区域科技创新服务平台为企业科技创新提供专项资金支持，并围绕企业不同创新阶段需求，给予具有针对性的财政补贴。同时，政府种群也能为企业种群提供优惠税收政策、产业化项目支持等多元化服务，以缓解企业创新压力及激励企业创新发展。企业种群科技创新所得收益能为政府种群提供税收收入，而企业种群在科技创新活动开展过程中的反馈信息，也能为政府有关科技创新政策的制定与调整指明方向与着力点。

（3）中介、金融种群与企业、高校及科研种群间的互动关系。中介种群与金融种群可统称为服务类种群，是区域科技创新服务平台汇集人才、资金、信息、法律等科技资源的重要提供者之一。中介、金融种群可通过区域科技创新服务平台实现与企业、高校及科研种群间的合作交流，并为其提供检测认证、科技金融、创业孵化、技术转移与知识产权等科技服务，以推动科技资源的传播及创新技术的扩散，并通过各类种群间的交互加快区域科技创新的协调发展。企业、高校及科研种群的科技创新需求是中介种群与金融种群的发展动力，中介种群通过挖掘企业、高校及科研种群的需求变化，不断开展新的服务业务与模块，同时，金融种群也通过创造新的投融资方式，为企业、高校及科研种群科技创新提供新的服务支持手段，而中介种群、金融种群的服务效率与服务质量也直接影响着区域科技创新服务平台的发展进程及区域科技创新的实际效果，因此，中介、金融种群在区域科技创新服务平台及区域科技创新活动开展过程中发挥着重要的服务支撑作用。

2.3.1.3 创新核心层、创新辅助层及创新生态环境层的互动关系

在区域科技创新服务平台内部，由高校、企业与科研种群构成的创新核心层，以及由政府、中介与金融种群构成的创新辅助层都需与区域科技创新的外围创新生态环境长期进化适应，逐渐建立起相互协调、相互作用的关系，并持续保持着密切的关联。创新生态环境层主要包括技术、政策、资源、人文、经济等宏观环境，技术环境是由企业、高校及科研种群依托区域科技创新服务平台开展科技创新所涉及的关键技术、共性技术等创新性技术共同汇集而成，是

区域战略性新兴产业发展、科技成果转化及科技创新创业等对技术创新需求所营造出的氛围；政策环境是在中央领导及国家科技基础条件平台统一部署下，各地方政府结合各区域的发展条件、产业特色、依据国家及自身战略规划，通过制定较为完善与积极的政策法规和财政支持，为区域科技创新服务平台的运行及其加盟的高校、企业等种群的科技创新予以有效的政策扶持；科技资源环境是区域科技创新服务平台建设及发展的重要外围因素，主要由区域科技创新服务平台的六类创新种群提供的人才、资金与信息等科技资源构成，区域科技创新服务平台主要依靠集成大量多样化的科技资源实现为用户科技创新提供有效的服务支持，因此，区域科技创新服务平台发展与服务离不开良好的科技资源环境；人文环境即指社会对生态化的态度与认知，优质的人文环境是区域科技创新服务平台生态化发展的基础，也是平台内部各类种群实现合作与协同创新的保障；此外，区域科技创新服务平台的发展及高校、科研、企业种群的科技创新与中介、金融种群的创新服务，也都需要经济环境的支持，在市场机制推动下，区域科技创新服务平台的内部属性使其运行与模式设计都需充分考虑经济因素，以基于经济环境实现平台灵活的市场化运行。区域科技创新服务平台的创新生态环境层对创新辅助层和创新核心层所包含的各类种群具有调控作用，能调控其内部及种群间能量、信息与物质的流动与交换。同时，区域科技创新服务平台的各类种群也需具有自我调控的能力，当外界创新生态环境发生变化时，能够维持相对稳定平衡的状态。因此，区域科技创新服务平台各类种群构成的创新核心层与创新辅助层及创新生态环境层由核心向外围分布，其间的互动关系既相互作用又相互依赖，如图 2-7 所示。

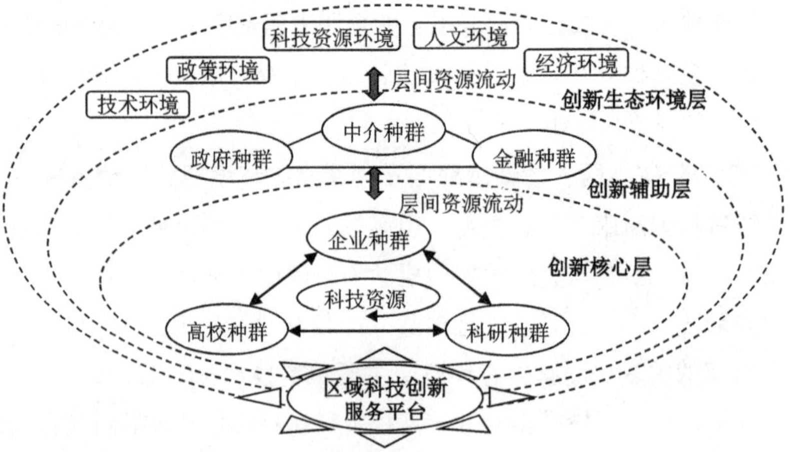

图 2-7 区域科技创新服务平台种群间互动及其与创新生态环境的关系

2.3.2 基于服务链的区域科技创新服务平台种群共生行为

服务链是面向科技创新全过程所需要的相关科技服务集合而成的具有系统、增值和有序性特征的网络结构。服务链不是单一的线性过程，其链条上的每个环节都需要逐层递进、相互作用、循环往复以实现更高层次的价值[149]。区域科技创新服务平台面向科技创新需求，围绕服务链通过集聚整合区域内高校种群、科研种群、企业种群等的多样科技资源，为平台各类种群的科技创新活动开展提供研究开发、技术转移、检验检测等科技服务，从而促使平台各类种群之间逐渐形成供需匹配、协调共进的共生关系。

共生的概念最早由德国生物学者 Debarry 提出，并于 20 世纪中后期被引入管理和经济等多个领域。共生作为生态学界的一种常见现象，是指两种或多种共同生活在同一区域的种群，在其长时间的进化过程中相互依存进而形成紧密互利的种间关系。区域科技创新服务平台生态化要求其内部包含的共享平台与各重点产业领域技术平台及加盟各平台的创新主体之间能够相互协同、相互依存，各平台能够灵活并持续向区域科技创新提供有效服务支持，同时，区域科技资源也能实现优化配置与高效使用，进而推动平台向可持续方向发展。区域科技创新服务平台的发展涉及众多创新主体以及区域内共享平台与技术平台，其生态化发展理念的提出是对区域科技创新服务平台最优发展状态的一种探索，而基于服务链分析其服务体系内部各类种群的共生行为对实现其生态化具有重要作用。

面向区域科技创新以及战略性新兴产业发展的迫切需要，区域科技创新服务平台内共享平台服务功能将不断完善，各重点产业领域技术平台也将不断涌现，因此，随着区域科技创新服务平台的不断发展及互联网 +、大数据等环境的强势介入，平台的服务范围也将不断扩大，其集聚创新种群的数量也会逐渐增多，各种群间的互动频率将持续加强，其汇集的科技资源将越发丰富与多样，种群彼此间的合作关系也会更为密切与深入，因此，区域科技创新服务平台各创新种群之间的互动关系将会逐渐向合作网络模式发展，并促使平台生态系统内部逐渐形成由多个具有不同属性特征及科技创新需求的创新种群与其加盟平台及外围创新生态环境构成的复杂共生网络。在区域科技创新服务平台生态化的共生网络中，各子平台内部的各类种群集聚其所在平台网络中的各个节点，且各节点间都以共生关系相链接，如图 2-8 所示。此外，由区域科技创新服务平台种群间共生关系构成的共生网络既能有效增强各种群之间的互利关联、优化种群间关系，又能在整体上大幅提升平台集聚资源的效率及平台服务能力。

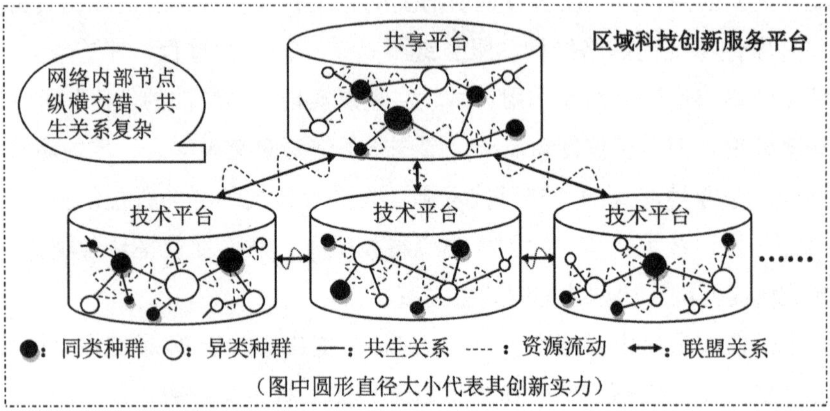

图 2-8 区域科技创新服务平台共生网络概念模型

在区域科技创新服务平台生态化的共生网络中，由于平台能够集聚整合的科技资源有限，网络中各节点间关系极易受到科技资源稀缺或外部创新生态环境变化的影响，而 Logistic 模型是一种用于描述环境资源有限情况下种群增长变化规律的数学表达方式，因此，引入 Logistic 模型，描述区域科技创新服务平台种群共生行为，并将复杂的平台共生网络关系基于平台供需双边逻辑，简化成两个创新种群间的相互作用，即研究两两种群中一方种群的存在对另一方种群增长的作用关系。两两种群的 Logistic 基本共生模型可由公式（2-1）表示。

$$\begin{cases} \dfrac{\mathrm{d}X_t}{\mathrm{d}t} = r_1 X_t\left(1 - \dfrac{X_t}{K_1} \pm \alpha \dfrac{Y_t}{K_2}\right) \\ \dfrac{\mathrm{d}Y_t}{\mathrm{d}t} = r_2 Y_t\left(1 - \dfrac{Y_t}{K_2} \pm \beta \dfrac{X_t}{K_1}\right) \end{cases} \quad (\alpha, \beta > 0) \tag{2-1}$$

其中，X_t、Y_t分别表示为区域科技创新服务平台的两个种群X和Y在t时刻的数量规模；r_1、r_2分别为种群X和Y的增长率；K_1、K_2分别为种群X和Y在区域科技创新服务平台生态化发展过程中的增长最大限度；α用来表示种群Y对种群X的作用，β则用来表示种群X对种群Y的作用。

基于服务链的区域科技创新服务平台种群共生行为，依据平台各类种群属性及其在科技创新活动中的作用与关系，可分为以下四种形式，如图 2-9 所示。

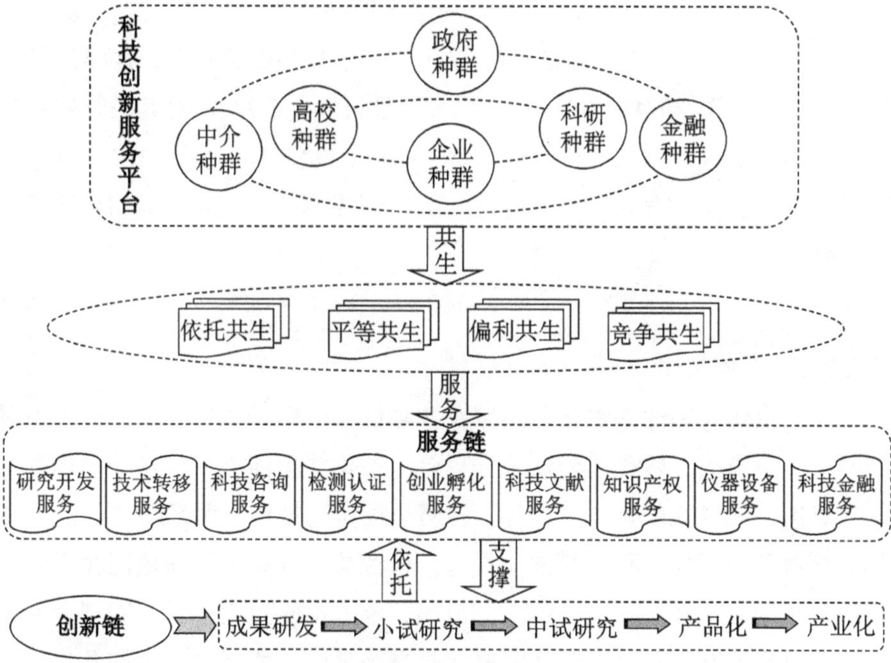

图 2-9 基于服务链的区域科技创新服务平台种群共生行为划分

2.3.2.1 依托共生

依托共生是指区域科技创新服务平台的两个创新实力不对称的种群，通过相互依赖、合作共生的方式共同获取各自所需利益。其中，创新实力偏弱的种群Y需要围绕并依托创新实力较强的种群X，借助其创新与发展优势获取更多科技资源，同时种群Y也能为种群X提供其创新环节所需资源与服务，从而实现双方优势互补、双赢的目的。但在该种共生方式中，创新能力偏弱的种群Y无法脱离种群X独立发展与创新，一旦种群X离开，种群Y将不能独立生存。不过种群X由于自身创新水平较高、创新实力较强，能够脱离种群Y独立发展，但与种群Y形成的依托共生关系，可有利于进一步提高其创新效率、增强其创新实力。在依托共生关系中，两个种群之间通过合作所产生的新物质、新资源、新信息能够在两者之间自由分配，并彼此通过双向资源与信息间的流动与互换，相对持续地保持共生网络中两个节点间的连接。种群依托共生模式的 Logistic 表达模型如下所示：

$$\begin{cases} \dfrac{dX_t}{dt}=r_1X_t(1-\dfrac{X_t}{K_1}+\alpha\dfrac{Y_t}{K_2}) \\ \dfrac{dY_t}{dt}=r_2Y_t(-1-\dfrac{Y_t}{K_2}+\beta\dfrac{X_t}{K_1}) \end{cases} \qquad (2-2)$$

在公式（2–2）中，模型可得到的稳定平衡点为（$\frac{K_1(1-\alpha)}{1-\alpha\beta},\frac{K_2(\beta-1)}{1-\alpha\beta}$），其稳定条件为$0<\alpha<1$、$\beta>1$、$\alpha\beta<1$，这说明在依托共生关系中，种群$Y$对种群$X$的贡献较小，种群$X$却对种群$Y$的贡献较大，且远远大于种群$Y$对其的影响。

当种群Y脱离种群X独立生存时，其 Logistic 模型将如公式（2–3）所示，即种群Y必须依托种群X发展，一旦独立，种群Y的数量将不再增长并持续降低而逐渐趋于死亡。

$$\frac{dY_t}{dt}=-r_2Y_t \tag{2–3}$$

2.3.2.2 平等共生

平等共生作为一种基本并广泛存在的种群共生模式，实质上也可称为对称互利共生，是指在区域科技创新服务平台生态化共生网络中，各节点种群都处于平等状态，种群的创新实力对等，即两个种群通过相互联系与合作的方式双方都能获取各自所需的科技资源与服务。该种共生方式不存在依附关系，是一种最为理想的共生形态，当其中一方分离，双方都能独立生存与发展。平等共生是一种机会性互利共生，两个种群间具有极强的功能互补与关联共生性，其网络节点的共生连接多以连续共生为主，双方的共生关系一般不会轻易随着时间的变化而发生转变。即创新实力对等的种群X与种群Y，两者在平台共生网络中的节点位置大致对等，能够通过相互间资源及信息的传递，逐渐形成平等共生关系并最大限度地实现双边科技资源与服务的共享与平衡匹配。平等共生的 Logistic 模型如下：

$$\begin{cases}\frac{dX_t}{dt}=r_1X_t(1-\frac{X_t}{K_1}+\alpha\frac{Y_t}{K_2})\\ \frac{dY_t}{dt}=r_2Y_t(1-\frac{Y_t}{K_2}+\beta\frac{X_t}{K_1})\end{cases} \tag{2–4}$$

该模型的稳定平衡点为（$\frac{K_1(1+\alpha)}{1-\alpha\beta},\frac{K_2(1+\beta)}{1-\alpha\beta}$），稳定条件为$0<\alpha<1$、$0<\beta<1$，平等共生关系中，种群$X$和种群$Y$都可独立增长并具有对等的节点地位，双方的创新实力相当，因此，相互之间的贡献也呈现对等趋势，彼此间的作用较不显著，但种群间的平等共生关系能给两个种群带来大于各自独立发展时的利益。该种共生关系可体现为种群X和种群Y分别为区域科技创新服务平台提供科技资源或服务的差异化程度较高或市场需求较大，彼此之间不存在明显的竞争关系且相互贡献较小，但两者之间能够通过相互促进、互利共生的方式

共同创造价值，并依托平台实现协同发展。

2.3.2.3 偏利共生

偏利共生是指在区域科技创新服务平台生态化共生网络中，两个种群间的相互作用对其中一方有明显利益关系，但对另一方却没有明显影响，当两者分离时仍可独立生存。偏利共生是介于依托共生和平等共生之间的一种共生形态，偏利共生关系中产生的新物质、新资源、新信息有别于平等共生与依托共生，不能在种群间进行均衡或自由地分配，而是主由其中一方种群全部获取，但偏利共生关系中仍然存在双向的资源交流机制。种群X和种群Y彼此之间都能独立生存，且具有相互促进作用，但种群X在该种共生关系中不存在利益获取，属于不受利方，而种群Y却能通过与种群X的相互关联与合作独占双方共同创造的价值，属于偏利方。偏利共生关系在区域科技创新服务平台生态化发展中也较为常见，但偏利共生关系中的两个种群不会持续保持该种关系，不受利方也不会长期处于不获利的状态，因此偏利共生关系主要以点或间接共生的方式连接。偏利共生关系的 Logistic 模型可表示为如下形式：

$$\begin{cases}\dfrac{\mathrm{d}X_t}{\mathrm{d}t}=r_1X_t(1-\dfrac{X_t}{K_1})\\[2ex]\dfrac{\mathrm{d}Y_t}{\mathrm{d}t}=r_2Y_t(1-\dfrac{Y_t}{K_2}+\beta\dfrac{X_t}{K_1})\end{cases}\tag{2-5}$$

在偏利共生模型中，其稳定平衡点为（$K_1,(1+\beta)K_2$），稳定条件为$\beta>0$、α=0，这说明种群Y作为偏利方，对种群X没有明显的作用关系，而种群X作为不受利方，对种群Y具有明显的促进作用。对于该种共生关系种群Y独自获利，种群X虽然获取不到其所需利益，但自身也不会受到损害。种群X通过偏利共生关系对种群Y的成长及创新能力的提升具有重要作用。

2.3.2.4 竞争共生

竞争共生一般会出现在同类种间关系中，是指两种具有独立生存能力的同类种群之间通过对科技资源的争夺而存在的竞争关系，该种共生关系一般会使种群双方抑制彼此增长，导致双方利益受损，但两个具有竞争力的同类种群，也会通过相互之间的竞争共生关系，促使彼此间科技资源的加速流动与整体实力的不断增强。即种群X和种群Y所属于同一种群类别，其竞争关系可体现为两种形式：一是种群X和种群Y为区域科技创新服务平台及平台用户提供具有相似性的科技资源与服务；二是由于区域科技创新服务平台整合的科技资源有限，两个种群对科技资源的需求具有一致性。这两种情况将会导致种群双方之间产生竞争关系，而竞争关系的形成会影响双方的发展。竞争共生关系中种群虽然是竞争关系，但彼此间仍存在资源及能量的流动，其 Logistic 模型具体如下：

$$\begin{cases} \dfrac{dX_t}{dt}=r_1X_t(1-\dfrac{X_t}{K_1}-\alpha\dfrac{Y_t}{K_2}) \\ \dfrac{dY_t}{dt}=r_2Y_t(1-\dfrac{Y_t}{K_2}-\beta\dfrac{X_t}{K_1}) \end{cases} \tag{2-6}$$

竞争共生模型的稳定平衡点为（$\dfrac{K_1(1-\alpha)}{1-\alpha\beta},\dfrac{K_2(1-\beta)}{1-\alpha\beta}$），其稳定条件为$\alpha<1$、$\beta<1$，这表示在竞争共生关系中的两个种群稳定数量都小于自身独立增长状态下的最大值，即双方都有发展机会，都能获取所需资源或利益，且两个种群的数量也随着双方的竞争关系，不断增加至一个平衡状态，进而实现稳定共生。但当两个种群的作用关系α和β超出稳定范围时，竞争共生关系将终止。种群X和种群Y的竞争共生稳定状态，如图 2-10 所示。

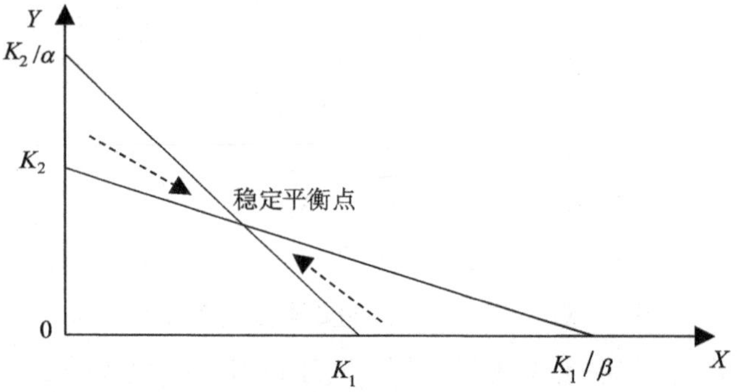

图 2-10　种群X和种群Y的竞争共生稳定状态

2.3.3 区域科技创新服务平台生态循环模型

区域科技创新服务平台生态化发展需要遵循“面向区域科技创新需求→汇集区域科技资源→基于需求提供协同服务→促进区域科技创新→实现平台价值增值与形成新资源”的良性循环。因此，为了进一步探索区域科技创新服务平台各类种群在循环过程中的有序进化行为，构建区域科技创新服务平台生态循环模型，让循环的各个环节在满足区域科技创新需求的同时，实现平台间科技资源供需的平衡匹配，从而推动平台可持续向生态化方向发展。

超循环理论于1971年由德国学者曼弗里根·艾肯首次提出，是一种在生物起源和进化演变过程中，提炼出的具有普适性特征并应用于研究非平衡复杂系统的自组织理论。超循环理论认为，系统在内外部环境的作用与影响下，能够通过自我创生、自我复制，逐渐向高级有序状态进化，使得整个进化过程呈现显著的突变特性，并按照低层级向高层级进化的顺序逐层进行转化反应循环、催化反应循环和超循环三层级交互耦合的循环运动。在超循环组织中，系统呈等级性循环发展，其内部的各个要素在实现自我复制的同时能为下一层级的产生提供催化元素，促使各层级之间产生非线性的互动关系，从而形成自组织机制，以整体推动系统有序地向更高层级跃进。

区域科技创新服务平台生态化同样存在相应的转化反应循环、催化反应循环和超循环，因此借鉴曼弗里根·艾肯的超循环理论思想，从转化反应循环、催化反应循环和超循环三个层级构建区域科技创新服务平台生态循环模型，探索平台“面向区域科技创新需求汇集整合多样科技资源，再针对科技创新活动的实际需求提供协同服务，创造价值以及形成新资源”的循环过程，并研究该过程中科技资源的高效共享与供需间的平衡匹配，从而推动平台生态化的自组织运行与进化发展。在区域科技创新服务平台生态循环模型中，第一层级转化反应循环是平台生态系统内部的自我创生过程；第二层级催化反应循环是不断自我复制的过程，该层级的进化等级高于第一层级；第三层级超循环是由多个催化反应循环通过循环耦合联系而成的高级循环圈，该循环圈内的作用关系需要上一层级提供催化支持。在超循环中，区域科技创新服务平台涉及的创新种群之间依托循环关系相互交流与沟通，并通过区域内外部信息、物质与资源的转移与共享，自主有序形成稳定共生关系，进而促进整个系统协同进化与发展。

2.3.3.1 转化反应循环

转化反应循环是最初级的循环单元，是指反应物在催化剂的作用下生成产物的过程。其中，反应物和催化剂先结合产生中间产物，随后中间产物再通过自我创生转化成新物质，新物质再释放产物和催化剂，而催化剂又能参与下一转化反应，继而形成循环结构。

区域科技创新服务平台生态化发展过程中，存在着多种反应循环。区域科技创新服务平台生态系统内部各子平台的科技资源供给方与服务需求方之间通过知识、信息、技术、设备等科技资源的流动实现沟通与合作，而两者间的联系实质上也是科技资源与科技创新需求对接匹配的过程，在该过程中，平台各类创新种群的多样科技创新需求与科技资源、平台服务相互结合与催化，并在实现供需平衡匹配的基础上，促进新科技资源与科技创新需求的产生及平台服务的创新，进而催化下一轮科技创新需求与科技资源的平衡匹配。区域科技创新服务平台生态化的转化反应循环，如图 2-11 所示。

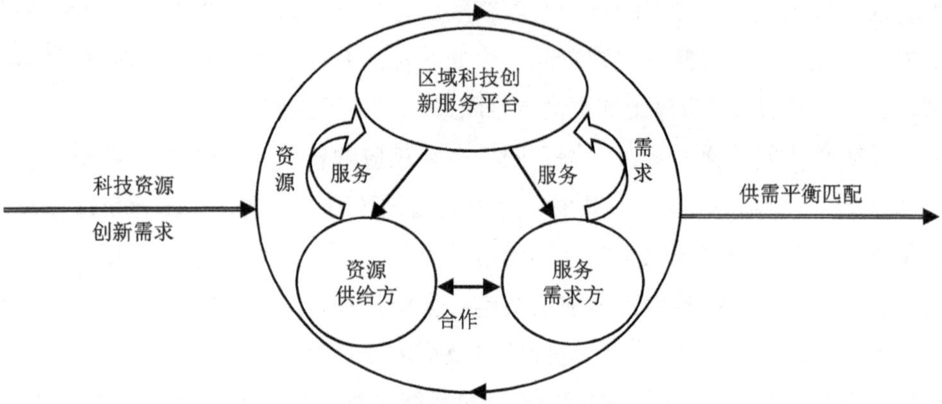

图 2-11　区域科技创新服务平台生态化的转化反应循环

2.3.3.2 催化反应循环

催化反应循环是由多个转化反应循环组成的第二级循环阶段，该阶段需要多个转化反应循环通过不断地自我复制、自我催化产生自催化剂，使多个转化反应循环过程连接起来，形成一种具有新陈代谢和自我催化功能的循环系统。

区域科技创新服务平台生态化发展过程中，前一转化反应循环阶段产生的新科技资源、科技创新需求与服务都为该阶段的循环发展提供催化作用，并催化该阶段供需间的循环平衡匹配。催化反应循环是多个具有相互催化作用的转化反应循环的组合，在催化反应循环阶段，区域科技创新服务平台已存在的多种转化反应循环，通过科技资源与科技创新需求的投入，依托平台服务实现供需平衡匹配，同时在供需平衡匹配过程中产生的新资源、新需求与服务创新又能为下一阶段的供需匹配提供催化支持，在该循环过程中，平台的服务效率、加盟创新主体数量及汇集科技资源的种类都将不断提升。区域科技创新服务平台生态化的催化反应循环如图 2-12 所示。

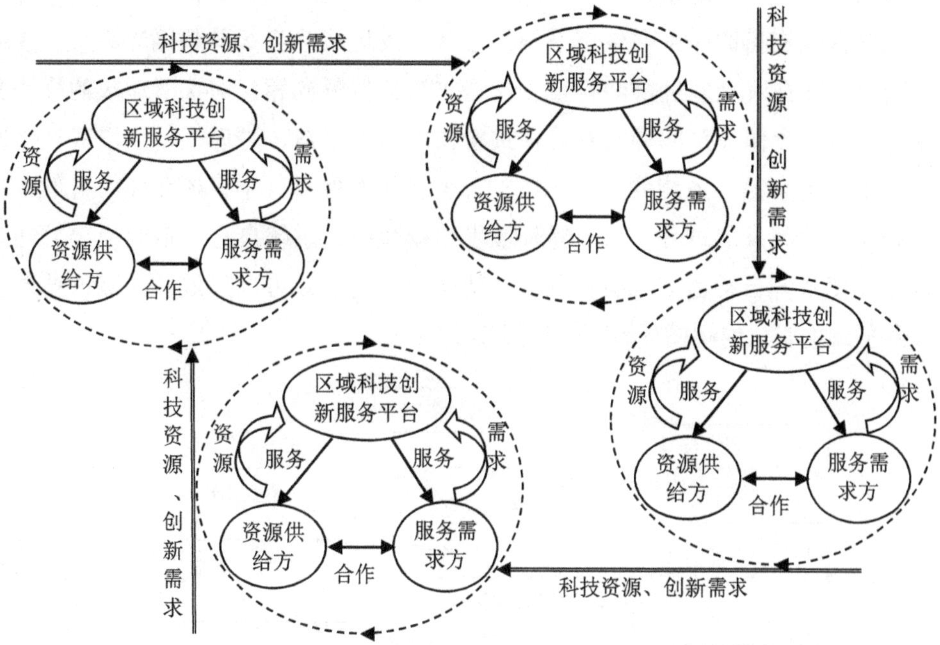

图 2–12　区域科技创新服务平台生态化的催化反应循环

2.3.3.3 超循环

超循环是比催化反应循环更为高级的循环系统，它是由若干具有自我复制特性的催化单元通过功能循环联系起来的高级循环系统，同时也是由多个转化反应循环组成的复杂反应循环，因此，超循环的各个子系统既能自我创生，又能自我复制。超循环的每个循环单元之间相互交叉催化，使循环单元间联系更加密切，并通过不断循环积累资源，当资源积累到一定程度时发生突变，促使系统向更高层次发展。

区域科技创新服务平台生态化实则作为平台生态系统的形成与发展过程，本身即属于一种复杂的超循环系统，在系统内部，区域科技创新服务平台围绕“面向区域科技创新需求→汇集区域科技资源→基于需求提供协同服务→促进区域科技创新→实现平台价值增值与形成新资源”的良性循环，持续有效地为加盟各子平台的各类创新种群科技创新创业活动开展过程中的科技资源与科技创新需求提供平衡的匹配服务，而平台生态系统内的每次供需平衡匹配循环都有利于平台自身服务价值及区域科技创新效率的提升。在超循环过程中，区域科技创新服务平台生态系统内部高校、企业等创新种群间的合作与交流，需要区域科技创新服务平台提高其内部各子平台的科技资源集聚与整合能力，当平台内部由众多科技资源供需平衡匹配关系形成的催化反应循环相互耦合联系并彼此提供催化支持时，平台生态系统将会逐渐发展成为高级的超循环系统。在系统内部，存在着众多种群间科技创新需求与科技资源相互对接所形成的合作关系，而多重合作关系间的交互将促进合作网络的形成，进而推动区域科技创新服务平台生态循环系统的发展。在平台生态化发展过程中，超循环一旦形成将有利于推动其发展进程，当外界环境发生变化时，系统自身具备的稳定循环结构能促使系统自动适应环境变化，并朝向生态化持续方向发展。区域科技创新服务平台生态化的超循环模型，如图 2-13 所示。

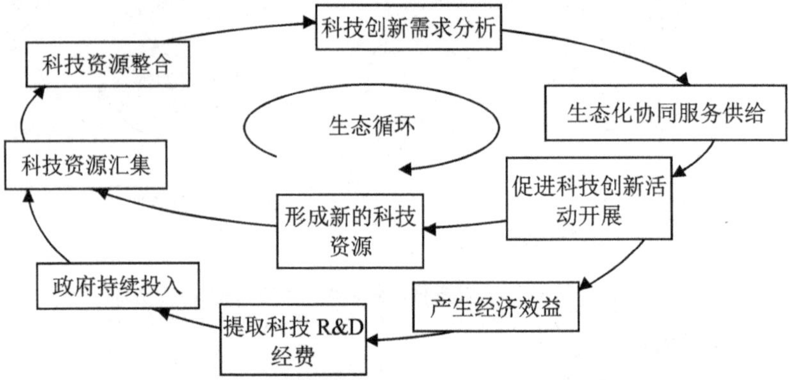

图 2-13 区域科技创新服务平台生态化的超循环

2.4 区域科技创新服务平台生态化演进条件与动因

在分析区域科技创新服务平台生态化种群行为与循环模型的基础上，从演进视角，进一步分析平台生态化演进条件、影响因素及动因，有助于探索平台生态化演进过程与规律，为平台生态化服务模式构建奠定理论基础。

2.4.1 区域科技创新服务平台生态化演进条件

自组织理论起源于 20 世纪 60 年代末期，是一种研究复杂系统从无序到有序、从低级有序到高级有序的形成与发展理论，可用于揭示复杂系统内部演进机理。自组织理论认为，一个复杂系统要动态自发地从无序状态转化为有序新状态，即形成耗散结构需要满足如下必要条件：系统应具备开放性且能与外界进行资源互换、系统必须处于远离平衡态的非平衡状态、系统内部各组成要素之间存在非线性作用，以及系统中具有随机涨落的变化。

区域科技创新服务平台生态化以满足区域科技创新需求、提高区域科技资源利用率、平衡服务供需、促进区域科技创新及实现自身可持续发展为宗旨，其内部各子平台及加盟的创新种群与外界创新生态环境之间不断进行的物质、能量、信息等资源的持续交互，能促进平台自组织的演进与发展。区域科技创新服务平台生态化演进实质上是平台生态系统在自组织的作用下不断从低层级向更高层级发展，并逐渐形成更加完善及稳定有序结构的过程。区域科技创新服务平台生态化发展是一个典型的自组织演进过程，符合自组织演进的基本条件，因此，其具备开放性、非平衡态、非线性等演进条件。

2.4.1.1 开放性

区域科技创新服务平台生态化作为一个开放式平台生态系统的形成与发展过程，其加盟创新种群及系统整体与外界环境之间需要通过能量、物质、信息等资源的持续交互而保持紧密关联。区域科技创新服务平台为满足日益复杂的科技创新需求，需要不断增加基于加盟平台及创新种群的数量，而不断从系统外部汇集丰富多样的信息、人力、资金、技术等科技资源，以促使平台生态系统不断增加内部科技资源存储量，提高平台服务水平，更好地服务支撑科技创新发展，并不断增强系统结构有序度。因此，区域科技创新服务平台生态化演进需要基于系统内外部能量、物质、信息等资源的快速流动与持续交互，推动平台的有序发展。

熵是用来描述系统有序度的重要参量，故而运用熵值描述区域科技创新服务平台生态化演进过程中有序度的变化，进而揭示系统开放性对平台生态化演进的影响。耗散结构理论认为，一个开放系统的总熵ds由系统内部自发运动形成的正熵流ds_i和系统与外界环境联系产生的负熵流ds_e构成。系统熵的平衡方程如下所示。

$$ds = ds_i + ds_e \tag{2-7}$$

随着区域科技创新服务平台生态化发展，系统熵流将不断变化并驱使系统由无序状态向有序状态演变。当系统处于封闭状态时，$ds_e = 0$即$ds > 0$，则系统内部存在大量正熵流，系统将处于混沌状态，平台无法形成有序结构，进而不能实现自组织进化。而当系统处于开放状态时，系统能与外界环境进行物质、

信息与能量的交换，使$\mathrm{d}s_e > 0$，并在$\mathrm{d}s_i < |\mathrm{d}s_e|$即$\mathrm{d}s < 0$时，系统负熵流的持续引入将促使系统逐步向高层次有序结构演进。因此，开放性是区域科技创新服务平台生态化演进的首要条件。

2.4.1.2 非平衡态

非平衡态是推动系统从无序向有序发展的根本助力，当系统处于平衡态时，系统熵值会增长到极大，系统将处于无序混乱状态，而系统远离平衡态时，其内部会呈现出物质、信息、能量多样化且分布不均等异质性状态，进而形成有序结构，推动系统的进化升级。区域科技创新服务平台生态化演进需要在开放状态下，与系统外界创新生态环境相互作用并不断从低级有序向高级有序转变，因此，平台生态化演进须持续处于动态变化的非平衡状态。区域科技创新服务平台作为一种既包含区域内共享平台，又涵盖区域各重点产业领域技术平台的复杂性平台网络，其内部涉及众多创新主体，各创新主体的科技创新需求复杂多变，各子平台的科技资源拥有量、科技资源汇集整合能力、科技服务水平与范围不尽相同，此外，各子平台的发展状态、组织形式和战略布局等也存在一定差异，因此，区域科技创新服务平台发展过程中所面临的这些差异化与复杂性都将促使其远离平衡状态并不断产生新的有序结构，进而推动平台生态化演进与可持续发展。由此可见，非平衡态是区域科技创新服务平台生态化演进的根本之源。

2.4.1.3 非线性

非线性是系统各组成部分之间相互作用所形成不可叠加的因果关系，系统内部各主体及其外部环境之间相互影响、相互联系所形成的非线性作用能改变系统所处状态，从而推动其发展进程。区域科技创新服务平台作为一个复杂系统，其组成部分之间形成的复杂非线性作用，能不断涌现新的物质、能量与信息，并随着系统中非线性作用的增强，产生的新资源也随之增多，并不断积累，使系统得以有序演进与发展。区域科技创新服务平台内各子平台及各自加盟的创新种群之间的作用方式与关系错综复杂，不是简单的因果关系或线性作用，而是各种复杂关系相互交织所形成的非线性作用，这种作用方式能促使平台内部逐渐形成复杂网络，并带动平台整体与其内部种群协同发展。同时，平台与外界创新生态环境之间非线性的相互作用，可从整体层面使平台在外界环境的作用下实现动态的有序演进，此外，平台生态化演进过程中还存在着非线性的正负反馈机制，即非线性作用既能对平台发展产生正反馈放大作用还能产生负反馈削弱作用，而这两种作用关系耦合将共同决定平台生态化演进的方向与状态。因此，非线性作用是区域科技创新服务平台生态化演进的动力条件。

2.4.1.4 随机涨落

涨落是指系统中的某个状态变量或行为在系统内外部环境影响下，与其平均值产生偏差的现象。自组织理论认为，随机涨落是系统有序演进的必要条件。区域科技创新服务平台生态化演进在其内外部因素的双重影响下，不是简单连续的发展过程，而是随机涨落普遍存在的间接与连续相结合的发展过程。在区域科技创新服务平台生态化演进过程中随机涨落能促使系统内部产生非线性关系，并使系统偏离原有发展状态，令其向新的稳定有序状态跃进。伴随区域科技创新服务平台发展，其集聚平台数量、科技资源种类将不断发生变化，企业、高校等创新主体的科技创新需求也将日益复杂与多样化，同时，外部经济、政策等创新生态环境的变化也将促使平台生态系统形成多种形式的随机涨落，进而驱动系统自动向相对稳定状态演进，因此，随机涨落是区域科技创新服务平台生态化演进的内发诱因。

2.4.2 区域科技创新服务平台生态化演进影响因素

影响区域科技创新服务平台生态化演进的因素主要包括内部因素和外部因素两方面。

2.4.2.1 内部因素

主要包括区域科技创新服务平台的科技资源拥有量、服务能力、服务功能互补性及种群数量。

（1）资源拥有量。区域科技创新服务平台面向区域科技创新需求，高效集聚整合区域闲置、分散科技资源，并以实现科技资源开放共享，有效服务支撑区域科技创新为发展核心，因此，平台集聚整合科技资源的数量与种类将直接影响其生态化发展进程。当科技资源拥有量过大，区域科技创新需求量远低于资源拥有量时，平台集聚的科技资源将会因自身独具的易逝性、在使用过程中增值等特征，造成集聚资源冗余及其价值的衰减或消逝；同样，当科技资源拥有量过小且种类单一时，平台将无法充分满足多样化的区域科技创新需求，并无法精准按需进行资源匹配，进而影响平台运行及对科技创新的有效服务支撑，因此平台生态化发展需要其汇聚且拥有的科技资源数量与种类适度均衡。此外，区域科技创新服务内各子平台的科技资源拥有量与种类是否丰富与多元，也直接影响着其相互间的协同发展动力，进而整体影响区域科技创新服务平台内联盟子平台数量与彼此合作紧密程度，最终影响平台生态化发展进程。

（2）服务能力。区域科技创新服务平台生态化以高效配置区域科技资源、实现服务供需平衡匹配为根本。因此，区域科技创新服务平台生态化发展应在不断强化其体系内共享平台与技术平台间协同服务理念的基础上，通过积极引入大数据、云计算、人工智能等先进信息技术，不断提升服务能力，创新服务模式，持续拓展并丰富服务内容，使服务范围更广、服务主体更多、服务水平更高，服务方式更加灵活与多样，进而自组织驱使平台不断向高层级的生态化方向演进，因此，区域科技创新服务平台服务能力的高低将直接影响其生态化发展进程。

（3）服务功能互补性。区域科技创新服务平台内包含共享平台与技术平台两类科技平台，由于两者建设宗旨不同，服务内容存在一定差异，服务功能也不尽相同。其中，共享平台服务功能较为丰富且基础，技术平台服务功能却极具专业化特征。区域科技创新服务平台生态化发展需要依托共享平台与技术平台间联盟，其相互间服务功能互补性越高，将越有利于推进彼此合作互动的开展，因此，区域内共享平台与技术平台间服务功能互补性也是影响区域科技创新服务平台生态化演进的重要因素。

（4）种群数量。伴随区域科技创新服务平台不断发展，其系统内部的平台网络节点将不断壮大，加盟创新主体数量随之持续增多。因此，由各类创新主体汇聚而成的高校、科研院所、企业、中介和金融机构等创新种群数量成为影响区域科技创新服务平台生态化发展的另一重要因素，这是由于平台内加盟的创新种群数量在一定程度上反映了平台汇聚需求及资源的规模，影响了平台生态化发展进程，即种群数量越多，平台集成的需求与资源就越多，进而越有利于基于服务供需匹配推进平台可持续发展。此外，区域科技创新服务平台生态化还须为有效平衡服务供需，面向创新种群数量的不断增多而对其进行适度调配，并针对每类种群特性，剖析其共性与个性化需求，随之精准匹配所需服务。

2.4.2.2 外部因素

主要包括创新需求、政策激励及新兴技术等。

（1）创新需求。区域科技创新服务平台以服务区域科技创新以及战略性新兴产业发展为宗旨，因此，能否高效满足区域科技创新需求是衡量其实现生态化发展的重要指标。随着创新驱动发展战略的深入实施，区域科技创新需求将日益复杂、多样与个性化，区域科技创新服务平台为更加有效满足用户需求，须基于创新需求的不断变化而不断升级服务功能、提高服务能力，促进自身向可持续的生态化方向演进，故而区域科技创新需求是影响区域科技创新服务平台生态化演进的重要外部因素之一。

（2）政策激励。党的十八大明确提出科技创新是提高社会生产力和综合国力的战略支撑，我国要加快实施创新驱动发展战略，在此背景下，各地方政府在中央领导及政策制定的指引下，将大力支持与鼓励区域科技创新，随之制定相应的激励政策。区域科技创新服务平台作为服务区域科技创新及战略性新兴产业发展的重要服务支撑体系，其生态化演进必然离不开政府政策的指引与激励，政府出台或发布与平台发展及创新相关的扶持与补贴类优惠政策，都将有助于激发创新主体开展科技创新的积极性，从而有效提高平台及科技资源利用率。此外，区域科技创新服务平台生态化发展过程中，为加快推进区域内共享平台与技术平台间的联盟合作与服务协同，政府也需要制定相关的激励政策。因此，政策激励同样会影响区域科技创新服务平台生态化发展进程。

（3）新兴技术。区域科技创新服务平台生态化的演进离不开先进的新兴技术作用与影响。随着科技的不断发展与进步，越来越多的新兴技术例如人工智能、云计算、大数据、区块链等，充斥着区域科技创新服务平台的发展进程。而先进技术兴起、区域整体技术水平、新兴技术发展动向等都将通过改变科技创新创业需求及区域科技创新服务平台的服务形式，影响着区域科技创新服务平台的生态化发展速度，因此，先进的技术兴起与引入将有利于推进区域科技创新服务平台的生态化发展步伐。

2.4.3 区域科技创新服务平台生态化演进动因分析

基于对区域科技创新服务平台生态化演进影响因素的剖析，从内在和外在两方面分析其演进动因。

2.4.3.1 内在动因

首先，区域科技创新服务平台的运行与发展以整合共享多样科技资源、有效促进区域科技创新及战略性新兴产业发展为核心目的，因此，为了最大化服务支撑区域科技创新，区域科技创新服务平台内共享平台与技术平台将会不断伴随发展，因各自集成资源缺口或冗余，逐步采用联盟合作的方式，依托彼此科技资源共享共用，围绕平台间服务协同，整体推进平台生态化发展，提高科技资源利用率；其次，面向日益多样与个性化的科技创新需求，区域科技创新服务平台将会通过不断提高服务能力、扩展服务内容、持续进行服务模式创新、服务机制创新及加强各子平台间服务内容与服务方式的协同，通过实现服务供需间的有效平衡匹配，驱动平台生态化演进；再次，区域科技创新服务平台内加盟各子平台间服务功能的差异，也将会使得平台面向复杂科技创新需求时，激发平台间联盟合作意愿，进而通过彼此优势资源互补，协同服务支撑区域科技创新，促进平台可持续发展；最后，伴随平台汇集科技资源及服务能力的不断提升，其集聚的高校、科研院所、企业等创新种群数量也将不断增加，从而不断促使平台生态系统逐步壮大与完善，并不断向高层级的生态化发展形态跃进。

2.4.3.2 外在动因

首先，精准、即时掌握区域科技创新及战略性新兴产业发展的实际需求作为区域科技创新服务平台提供科技服务的起点与根源，牵引着平台生态化的发展进程，依据区域科技创新需求层次的复杂多变，平台的管理方式、响应速度及服务形式等多个方面都需随之动态调整与转变，进而实现平台的可持续发展。其次，政府是区域科技创新服务平台建设的主要驱动者，政府制定的有关平台发展及区域科技创新创业活动开展等扶持及优惠政策，能在宏观制度层面共同指引区域科技创新服务平台的战略发展方向，并支撑平台的长久运行与持续发展，政府激励政策的发布影响着区域科技创新服务平台的基础设施建设以及内部平台网络体系结构与其加盟创新主体的数量，区域科技创新服务平台要想逐步实现生态化发展，必将需要政府行为的支持。最后，新兴技术也是引导区域科技创新服务平台生态化发展的外在动因，新兴技术的涌现与引入既有利于升级平台服务功能，又有利于提高平台服务能力，从而在技术层面形成平台生态化发展优势，潜移默化地推动平台生态化发展。由此可见，在区域科技创新需求的牵引、政府激励政策的支持，新兴技术的刺激与协同推动下，区域科技创新服务平台将不断向生态化方向演进。

2.5　区域科技创新服务平台生态化演进过程与规律

2.5.1 区域科技创新服务平台生态化演进过程

区域科技创新服务平台生态化演进以高效配置区域科技资源、提高区域科技资源利用率、最大化服务支撑区域科技创新、促进区域战略性新兴产业发展、实现平台服务供需平衡匹配及可持续运行为目的，可视为是一种内部具有复杂网络结构的平台生态系统逐步形成与完善的过程，也可视为是区域科技创新服务平台不断发展所追寻的最佳状态。因此，在进化机制推动下，区域科技创新服务平台生态化演进过程可划分为生态化初始探索阶段、生态化快速成长阶段和生态化持续发展阶段三部分，如图 2-14 所示。

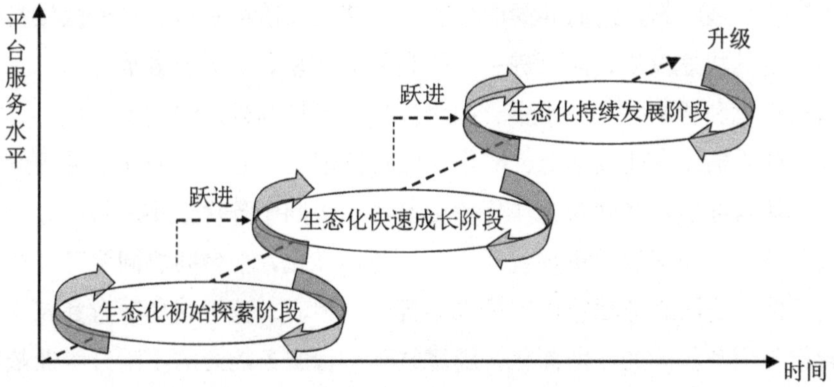

图 2-14　区域科技创新服务平台生态化演进阶段

2.5.1.1 生态化初始探索阶段

区域科技创新服务平台生态化发展的初始探索阶段即为平台生态系统的初创阶段。该阶段区域科技创新服务平台内各共享平台和技术平台为更好地服务支撑区域科技创新及战略性新兴产业发展、高效配置区域科技资源，并面向用户对服务精细化的更高要求，将逐步开始从各平台传统独立的基础性服务供给，通过开展平台间联盟合作与科技资源共享共用，向更加精细化、专业化、网络化和集成化的协同服务转变。在此基础上，区域科技创新服务平台协同服务理念随之初步形成，其内部共享平台和技术平台也初步实现协同发展，且均处于较为低层级的生态化协同发展状态，各子平台所集成共享的科技资源多为原始形态，平台间协同服务方式相对基础，协同服务功能有待升级。再者，基于共享平台与技术平台初步联盟合作与服务协同，区域科技创新服务平台生态系统初步形成，且内部联盟平台数量相对较少，各平台加盟的创新主体数量相较于平台独立发展时虽有所提升，但从整体上看，平台生态系统内网络结构相对简单，网络联结强度偏弱、网络关系密度较小且呈现碎片化网络形态，同时，系统的自我调控、恢复与适应能力有待提升。因此，处于该阶段的区域科技创新服务平台亟须基于政府的激励与引导，推进多平台间联盟合作与吸引更多创新主体加盟，并不断通过协同共生理念强化，围绕平台间资源共享共用，对外提供更加精细化的协同服务供给，并促使平台生态系统快速发展，从而形成区域科技创新服务平台发展的生态化初级形态。

2.5.1.2 生态化快速成长阶段

历经生态化初始探索阶段，区域科技创新服务平台内各共享平台和技术平台间协同互动将越发频繁，平台间协同度随之得到大幅提升，且整体呈现出良好的生态化发展状态，进而共同向生态化快速成长阶段跃进。随着区域科技创新服务平台的快速发展，为更进一步提高服务效率、降低服务成本，平台须不断提高信息化和智能化服务水平，以对外提供更加高效的协同服务供给，并有效平衡服务供需。在此基础上，随着区域科技创新服务平台协同服务理念的不断深化，其内部平台间联盟合作将更为紧密，协同服务次数不断增加，且各平台集成共享的科技资源也更加优质、互补与标准化，平台间协同服务方式更加灵活与智能，协同服务功能也实现大幅提升。再者，基于共享平台和技术平台联盟合作与服务协同的不断深化，围绕共享平台服务能力的不断升级及战略性新兴产业发展的实际需要与战略规划，新兴技术平台的不断涌现，使区域科技创新服务平台生态系统逐步完善，且内部平台联盟数量不断增加，各平台加盟的创新主体数量也随着平台服务能力与效率的不断提升而日益繁多，且各类创新主体依托平台形成的合作共生关系更为稳固，故而从整体上看，平台生态系统内网络结构更为复杂，网络联结强度明显增强、网络关系密度变大且呈现辐射式网络形态，同时系统的自我调控、恢复与适应能力大幅提升。因此，处于该阶段的区域科技创新服务平台面向日益复杂多变的区域科技创新需求，需进一步围绕市场机制的牵引，随着内部各平台间协同互动越发频繁，大幅提升服务效率、降低服务成本、增强服务能力，对外提供更加高效智能化的协同服务供给，并不断扩大平台生态系统规模、逐步优化系统内网络结构，从而推进区域科技创新服务平台向更高层级的生态化方向快速演进。

2.5.1.3 生态化持续发展阶段

该阶段是区域科技创新服务平台生态化发展的最高阶段，即伴随区域战略性新兴产业竞争的日益激烈，区域科技创新服务平台面向不断增加的个性化与探索性科技创新需求，需进一步基于平台间的高度服务协同，不断升级服务内容，对外提供更加具有前瞻性、创新性和引导性的智慧化协同服务供给。在此基础上，区域科技创新服务平台协同服务理念深入，其内部共享平台和技术平台经过长期的联盟合作、相互依赖与相互支撑，已达到高度融合的协同共生发展状态，同时，各平台已拥有非常丰富优质的智慧性科技资源，且资源能在平台间实现智能互联与高效配置，平台间协同服务方式更加主动与高级，协同服务功能也最为强大。再者，伴随共享平台和技术平台联盟合作与服务协同的高度耦合，围绕其相互间的融合发展，区域科技创新服务平台生态系统将越发成熟与稳定，其内部平台联盟数量与各平台加盟的创新主体数量将适度扩增，且平台服务柔性不断增强，故而从整体上看，平台生态系统内网络结构错综复杂、网络联结关系灵活紧密且呈现多中心小世界网络形态，网络规模庞大，网络成熟度较高，并拥有强大的自我调节、恢复和适应能力，能始终驱动着内部各平台及加盟创新主体自组织实现协同共生发展，且逐步趋于可持续稳定状态。因此，处于该阶段的区域科技创新服务平台须始终围绕区域整体战略发展规划，依托政府与市场的双级助推，基于平台间高度耦合与协同共生，通过集成多样科技资源与多方智慧，面向未来创新发展需要提供更加优质智慧化的协同服务供给，并围绕平台生态系统的不断成熟，促进平台生态系统持续发展。

2.5.2 区域科技创新服务平台生态化演进博弈模型

演进博弈理论最早起源于遗传生态学家对动植物的冲突与合作关系的博弈分析，后由学者 Maynard Smith 和 Price 于 1973 年正式提出。演进博弈理论将博弈与演进分析进行了动态的有机结合，并以参与个体的有限理性为假设条件，通过考察经济现象来研究复杂系统的演进过程[150]。区域科技创新服务平台生态系统作为一个典型的复杂系统，系统内部各子平台之间围绕科技资源共享共用展开的紧密互动，使平台生态化随着共享平台与技术平台间的联盟合作不断演进。然而，区域科技创新服务平台内共享平台和技术平台由于投资和运营主体不同，可持续发展的基础条件也存在差异，因此，如何有效促进两类平台相互合作与协同发展，已成为区域科技创新服务平台良好运行与可持续发展实现过程中亟待解决的重要问题。因此，本书引入演进博弈理论，从微观层面对区域内共享平台和技术平台之间协同关系变化如何联动影响区域科技创新服务平台生态化演进进行深入探索，为进一步揭示区域科技创新服务平台生态化演进规律奠定基础。

2.5.2.1 基本假设

区域科技创新服务平台内各共享平台和技术平台的运行均由有限理性者支配，为追求利益最大化，共享平台与技术平台通常都会依据创新环境变化、政府财政补贴激励及自身发展需要等，不断调整彼此间的协同合作关系，进而内生联动地影响区域科技创新服务平台生态化发展。因此，运用演进博弈理论，提出如下假设：

假设 1：区域科技创新服务平台由共享平台和技术平台两类平台主体构成，共享平台和技术平台的选择策略空间为 {协同发展，独立发展}。如果选择协同发展，平台会因联盟合作获得协同收益，如果选择独立发展，平台之间无直接利益往来。

假设 2：共享平台和技术平台选择“协同发展”的概率分别为 x、y，选择“独立发展”的概率为 $1-x$ 和 $1-y$，其中 $x, y \in [0,1]$。如果在 t 时刻平台选择的策略收益小于期望收益，平台将在 t+1 时刻调整发展策略。

假设 3：区域科技创新服务平台生态化发展是区域内各共享平台与技术平台之间不断协同互动的过程，共享平台和技术平台除开展协同合作外，还是独立运行的平台个体，共享平台 A 与技术平台 B 独立运行时的原始收益为 F_A 和 F_B。

假设 4：共享平台与技术平台之间实现协同发展能产生协同收益，而协同收益的大小取决于平台自身的服务能力、科技资源拥有量、平台间服务功能互补性及区域科技创新服务平台内网络规模与网络关系强度。具体而言，共享平台或技术平台服务能力越强，其在协同发展与联盟服务时发挥的服务科技创新能力也越大，获得的协同收益就越多；平台依托科技资源为服务需求方提供科技服务，平台拥有科技资源量越多且越丰富，越能激发其他平台与其协同发展及服务的动力，进而获得越多协同收益；平台之间服务功能互补性越高，平台协同合作时不同服务功能耦合产生的协同收益也越大；区域科技创新服务平台内网络规模越大，越有利于吸引更多平台主体加盟，创造越多平台间合作互动机会，进而基于协同服务能促使平台获得越多协同收益；区域科技创新服务平台内各平台间相互交流与合作的紧密程度越大，即网络关系强度越强，越有利于提高平台网络稳定性，促进更多平台协同服务科技创新，获得越多协同收益。根据上述分析，共享平台 A 与技术平台 B 在协同发展时的协同收益可分别表示为$E_A K_A \gamma\eta\mu$和$E_B K_B \gamma\eta\mu$，其中$E_i(i = A,B)$表示平台服务能力，$K_i(i = A,B)$表示平台科技资源拥有量，γ表示平台间服务功能互补性，η表示区域科技创新服务平台内网络规模，μ表示区域科技创新服务平台内网络关系强度。

假设 5：区域科技创新服务平台内各共享平台和技术平台协同发展的实现，虽能为共享平台与技术平台带来协同收益，但也会因各平台要实现固有边界突破、资源标准化处理及先进网络技术引入等付出一定协同成本，即主要包括基础设施建设成本和组织协调运营成本。基础设施建设成本是指共享平台与技术平台为实现协同发展，重新进行门户架构设计和数据库扩容升级等花费的成本。组织协调运营成本是指共享平台与技术平台在战略融合制定及组织结构调整等方面花费的成本。基础设施建设成本和组织协调运营成本越高，平台选择协同发展付出的成本越大，现用$C_i(i = A、B)$表示平台协同成本系数，则共享平台和技术平台的协同成本可分别表示为$C_A K_A$和$C_B K_B$。

假设 6：为有效促进区域科技创新服务平台生态化持续发展，区域各级政府可采用财政补贴激励政策[151]，引导其内部各共享平台与技术平台之间协同合作的开展[152-153]，而政府财政补贴额度的具体确定需依据各平台协同成本的投入，故用$\alpha_A C_A K_A$和$\alpha_B C_B K_B$分别表示政府对共享平台和技术平台选择协同发展时的财政补贴，其中$\alpha_i(i = A、B)$为政府财政补贴平台协同发展的系数且$0 < \alpha_i < 1$。

假设 7：共享平台与技术平台间的不断协同互动，能促使区域科技创新服务平台向可持续生态化方向发展，反之，如共享平台与技术平台都将选择独立发展为最终演进结果，则区域科技创新服务平台将无法实现可持续的生态化发展，进而也无法为区域科技创新提供生态化且更加有效的协同服务支持。

2.5.2.2 模型构建

区域科技创新服务平台内各共享平台和技术平台，对“协同发展”和“独立发展”的选择是在具有有限理性和不确定性的空间中进行，而各平台决策行为的确定需要经过反复学习、模仿与调整[154]，并伴随选择不同决策平台主体数量的不断变化，促使区域科技创新服务平台生态化发展整体趋向于一个相对平衡的状态且协同稳定。基于上述假设，区域科技创新服务平台内共享平台与技术平台协同发展的收益矩阵，如表 2-1 所示。

表 2-1　共享平台与技术平台协同发展的收益矩阵

共享平台	技术平台	
	协同发展（y）	独立发展（1-y）
协同发展（x）	$F_A+E_AK_A\gamma\eta\mu-(1-\alpha_A)C_AK_A$，$F_B+E_BK_B\gamma\eta\mu-(1-\alpha_B)C_BK_B$	$F_A-(1-\alpha_A)C_AK_A$，F_B
独立发展（1-x）	F_A，$F_B-(1-\alpha_B)C_BK_B$	F_A，F_B

基于上述共享平台与技术平台间的博弈分析，进一步运用动态复制方程来描述两者决策选择变化的过程。

共享平台选择“协同发展”时的期望收益为：

$$V_{A1}=y[F_A+E_AK_A\gamma\eta\mu-(1-\alpha_A)C_AK_A]+(1-y)[F_A-(1-\alpha_A)C_AK_A] \quad (2\text{-}8)$$

共享平台选择“独立发展”时的期望收益为：

$$V_{A2}=yF_A+(1-y)F_A \quad (2\text{-}9)$$

共享平台的平均收益为：

$$\overline{V_A}=xV_{A1}+(1-x)V_{A2} \quad (2\text{-}10)$$

在求得共享平台选择“协同发展”时的期望收益与平均收益后，构造共享平台选择协同发展的动态复制方程为：

$$f(x,y)=\frac{\mathrm{d}x}{\mathrm{d}t}=x(V_{A1}-\overline{V_A})=x(1-x)[yE_AK_A\gamma\eta\mu-(1-\alpha_A)C_AK_A] \quad (2\text{-}11)$$

同理，技术平台选择协同发展的动态复制方程为：

$$g(x,y)=\frac{\mathrm{d}y}{\mathrm{d}t}=y(V_{B1}-\overline{V_B})=y(1-y)[xE_BK_B\gamma\eta\mu-(1-\alpha_B)C_BK_B] \quad (2\text{-}12)$$

2.5.2.3 局部稳定分析

当区域科技创新服务平台内共享平台与技术平台经过不断反复的决策调整，终将实现有效的纳什均衡，微分方程（2-11）和（2-12）可在一定程度上用来刻画区域科技创新服务平台生态化演进过程。此外，由$\frac{\mathrm{d}x}{\mathrm{d}t}=0$和$\frac{\mathrm{d}y}{\mathrm{d}t}=0$，可计算得出共享平台与技术平台协同发展的动态选择共有 5 个博弈平衡点，分别为$D_1(0,0)$、$D_2(0,1)$、$D_3(1,0)$、$D_4(1,1)$和$D_5[\frac{(1-\alpha_B)C_B}{E_B\gamma\eta\mu},\frac{(1-\alpha_A)C_A}{E_A\gamma\eta\mu}]$，这五个平衡点共同构成了区域科技创新服务平台内共享平台与技术平台间协同发展演进博弈解域的边界，为$\{(x,y)|0\leqslant x\leqslant 1,0\leqslant y\leqslant 1\}$。

为了进一步对区域科技创新服务平台内共享平台与技术平台协同发展博弈的局部平衡点的稳定性进行判定，引入雅可比矩阵进行分析，雅可比矩阵如下：

$$J=\begin{pmatrix}(1-2x)\left[yE_{\mathrm{A}}K_{\mathrm{A}}\gamma\eta\mu-(1-\alpha_{\mathrm{A}})C_{\mathrm{A}}K_{\mathrm{A}}\right] & x(1-x)E_{\mathrm{A}}K_{\mathrm{A}}\gamma\eta\mu \\ y(1-y)E_{\mathrm{B}}K_{\mathrm{B}}\gamma\eta\mu & (1-2y)\left[xE_{\mathrm{B}}K_{\mathrm{B}}\gamma\eta\mu-(1-\alpha_{\mathrm{B}})C_{\mathrm{B}}K_{\mathrm{B}}\right]\end{pmatrix} \quad (2\text{-}13)$$

具体来看，雅可比矩阵的行列式和迹可用来判断博弈模型中各局部平衡点的稳定性，如果局部平衡点能使矩阵的行列式$\det(J)>0$且迹$\mathrm{tr}(J)<0$，则该点属于博弈的稳定平衡点。由此，共享平台与技术平台协同发展博弈的局部平衡点的稳定性分析结果，如表 2-2 所示。

表 2-2 局部平衡点的稳定性分析结果

平衡点	J行列式的符号	J迹的符号	结果
D_1	$\det(J)>0$	$\mathrm{tr}(J)<0$	稳定
D_2	$\det(J)>0$	$\mathrm{tr}(J)>0$	不稳定
D_3	$\det(J)>0$	$\mathrm{tr}(J)>0$	不稳定
D_4	$\det(J)>0$	$\mathrm{tr}(J)<0$	稳定
D_5	$\det(J)<0$	$\mathrm{tr}(J)=0$	鞍点

由表 2-2 可知，D_1和D_4为稳定平衡点，分别对应共享平台与技术平台博弈的选择策略为｛独立发展，独立发展｝和｛协同发展，协同发展｝，此外D_2和D_3为不稳定平衡点，D_5为鞍点。

2.5.2.4 演进相图

基于局部平衡点的稳定性分析结果，绘制演进相图，描述区域科技创新服务平台生态化发展的动态演进过程，如图 2-15 所示。将不稳定平衡点D_2、D_3及鞍点D_5相连，视为区域科技创新服务平台生态化发展收敛于不同演进结果的临界线。当区域科技创新服务平台初始生态化发展状态处于演进相图中$D_1D_2D_5D_3$区域时，其演进将向稳定平衡点D_1收敛，此时共享平台与技术平台都以选择“独立发展”为共同策略；当区域科技创新服务平台初始生态化发展状态位于演进相图$D_4D_2D_5D_3$区域时，其演进将向稳定平衡点D_4收敛，此时共享平台与技术平台都以选择“协同发展”为共同策略。如果$D_1D_2D_5D_3$与$D_4D_2D_5D_3$面积相等，说明共享平台与技术平台选择｛独立发展，独立发展｝和｛协同发展，协同发展｝的概率相同；如果$D_1D_2D_5D_3>D_4D_2D_5D_3$面积，说明共享平台与技术平台选择｛独立发展，独立发展｝的概率大于选择｛协同发展，协同发展｝的概率；如果$D_1D_2D_5D_3<D_4D_2D_5D_3$面积，说明选择｛协同发展，协同发展｝概率大于｛独立

发展，独立发展｝概率。

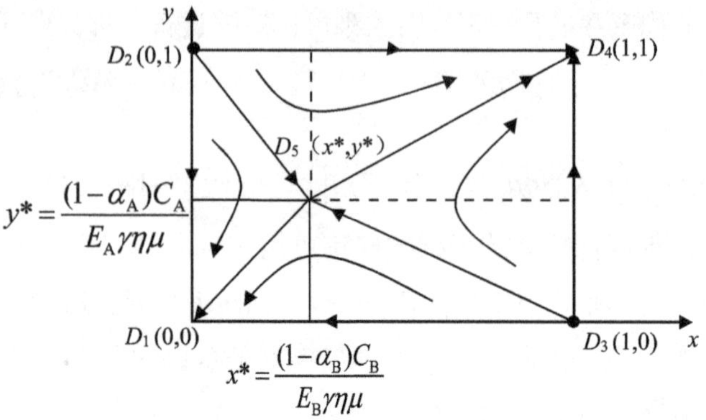

图 2-15　区域科技创新服务平台生态化演进相图

2.5.2.5 仿真分析

运用 Matlab 软件，仿真模拟分析不同参数作用下区域科技创新服务平台生态化演进状态。

（1）仿真数值确定。仿真数值可以通过咨询研究相关领域仿真模拟专家，并结合各参数自身特点以及相关文献仿真数值设定规律予以确定[155-156]。虽然仿真数值的确定存有一定主观性，但各参数的数值变化不影响演进结果。

鉴于区域科技创新服务平台内共享平台主由政府承建面向区域科技创新提供基础性的科技资源共享服务，技术平台多依托产学研构建面向区域特定产业发展提供专业化的技术支撑型服务，因此，共享平台服务范围要广于技术平台，其服务能力和科技资源拥有量也应大于技术平台，现假设共享平台和技术平台服务能力分别为 6 和 4，科技资源拥有量分别为 200 和 150。考虑共享平台是区域科技创新服务平台核心节点，共享平台需要与各重点产业领域技术平台通过建立联盟合作关系实现协同发展，因此，共享平台协同成本数值设定应高于技术平台，设共享平台协同成本系数为 0.06，技术平台协同成本系数为 0.03。同时，为有效推动区域科技创新服务平台可持续发展，政府通常会采用财政补贴激励政策，促进区域内共享平台与技术平台协同合作，而财政补贴系数确定方式还需进一步分析，因此，暂设政府财政补贴共享平台和技术平台协同发展的系数均为 0.5。此外，设定共享平台和技术平台间服务功能互补性为 0.04，区域科技创新服务平台整体网络规模为 1，网络关系强度为 0.5。

（2）仿真分析。①α_i对区域科技创新服务平台生态化演进的影响。基于其他参数不变，分别仿真α_i取值为 0.1、0.3、0.5、0.7 和 0.9 时，对区域科技创新服务平台生态化演进的影响情况，如图 2-16 所示。

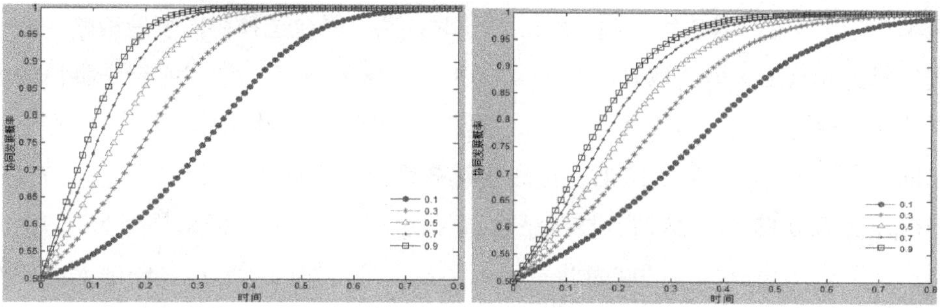

（A）　　　　　　　　　　　　　　　　（B）

图 2-16　α_i对区域科技创新服务平台生态化演进影响

图 2-16 中，（A）和（B）分别代表政府对共享平台和技术平台财政补贴系数α_i变化影响区域科技创新服务平台生态化发展的趋向。当α_i取值由 0.1 上升至 0.9 时，共享平台和技术平台选择协同发展策略的概率都逐渐趋向为 1 的稳态，可见，政府的财政补贴政策对共享平台和技术平台协同发展策略的选择均具有正向激励作用，即政府加大财政补贴力度能有效提升区域科技创新服务平台生态化发展进程。此外，观察同等财政补贴状态下共享平台和技术平台趋于协同发展概率为 1 的速率，可以得出共享平台对财政补贴的感知能力要高于技术平台，说明共享平台对增加财政力度的反应相较于技术平台更为敏感，因此，政府为有效促进区域科技创新服务平台生态化发展可在对其内部共享平台和技术平台予以财政补贴时，具体参考各平台的敏感性确定财政补贴分配比例。

②C_i对区域科技创新服务平台生态化演进的影响。基于其他参数不变，仿真C_i变化对区域科技创新服务平台生态化演进的影响，如图 2-17 所示。

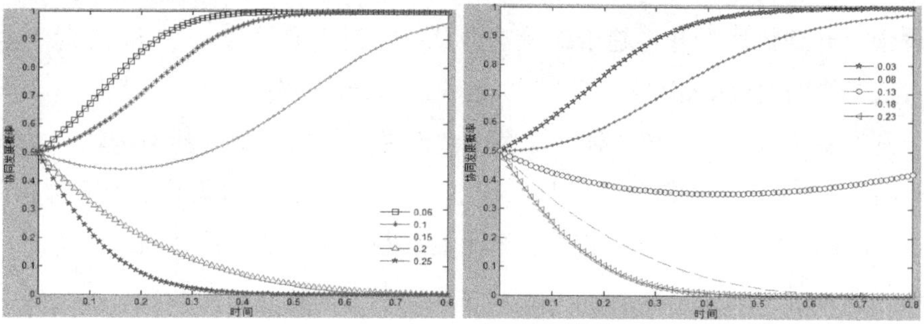

（A）　　　　　　　　　　　　　　　　（B）

图 2-17　C_i对区域科技创新服务平台生态化演进影响

图 2-17 中，（A）为C_A取 0.06、0.1、0.15、0.2 和 0.25 时共享平台选择协同

发展策略的变化曲线，当C_A为0.06、0.1和0.15时共享平台选择协同发展策略的概率均趋向于1，当C_A增加到0.2和0.25时，共享平台选择协同发展策略的概率则均降为0。（B）为C_B取0.03、0.08、0.13、0.18和0.23时技术平台选择协同发展策略的变化曲线，当C_B为0.03和0.08时技术平台选择协同发展策略的概率均趋向于1，当C_B取值为0.13时，曲线变化先缓慢下降后经由平缓趋于上升趋势，当C_B增加到0.18和0.23时，技术平台选择协同发展策略的概率均降为0。由此得出，平台协同成本对区域内共享平台和技术平台协同发展决策制定而言，都体现为协同成本的提升，将直接影响各平台所得协同收益，进而降低各平台协同合作意愿，减少各平台选择协同发展策略的概率。

③E_i对区域科技创新服务平台生态化演进的影响。基于其他参数不变，E_i变化对区域科技创新服务平台生态化演进影响的仿真结果，如图2-18所示。

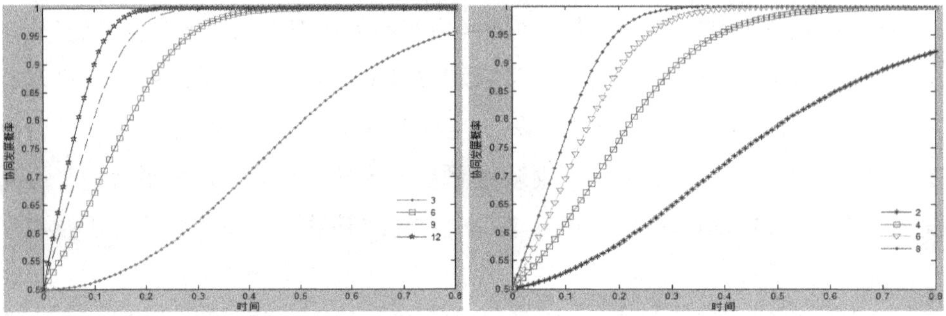

（A）　　　　　　　　　　（B）

图2-18　E_i对区域科技创新服务平台生态化演进影响

图2-18中，（A）为E_A分别取值为3、6、9和12时，共享平台选择协同发展策略的演进轨迹。当E_A为3时，共享平台选择协同发展策略的概率变化为初始缓慢上升到快速上升再趋于缓慢上升状态，当E_A取值为6、9和12时，共享平台选择协同发展策略的概率均为初始快速上升而后趋向于1的稳态。（B）为E_B分别取值为2、4、6和8时，技术平台选择协同发展策略的演进轨迹，轨迹大体与（A）相似，即随着E_B增加，技术平台选择协同发展策略的概率都将向1演进。因此，依据图2-18得出，共享平台和技术平台服务能力与二者协同发展策略的选择呈正相关关系，即共享平台和技术平台服务能力越强，越有利于其在协同发展与服务过程中发挥更大的服务支撑作用，进而获得更高的协同收益，提升平台选择协同发展策略概率，并加快推动区域科技创新服务平台生态化演进进程。

④γ对区域科技创新服务平台生态化演进的影响。基于其他参数不变，仿真γ取值为0.02、0.04和0.08时，对区域科技创新服务平台生态化演进的影响，如图2-19所示。

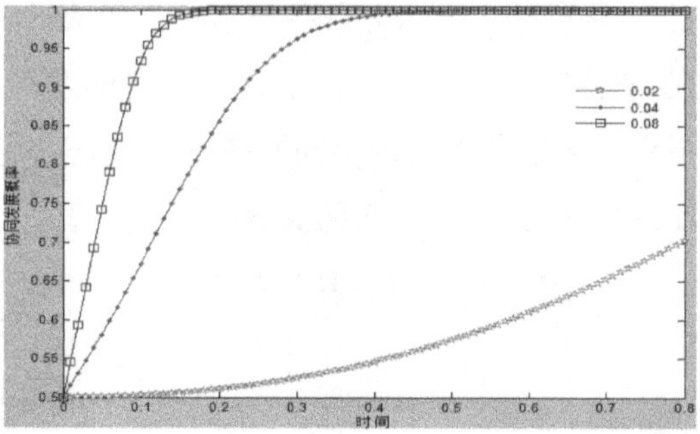

图2-19　γ对区域科技创新服务平台生态化演进影响

图2-19中，当γ取值为0.02时，平台选择协同发展策略的概率由初始0.5缓慢上升，当γ取值为0.04和0.08时，平台选择协同发展策略的概率均逐渐上升并最终趋向于1的稳定状态，且γ为0.08时平台选择协同发展策略的概率趋向1的速率大于γ为0.04时的速率，由此说明，共享平台和技术平台之间服务功能互补性对协同发展策略的选择具有正向作用，即共享平台和技术平台服务功能互补性越强，越能激发相互间联盟合作意愿，并通过彼此差异性服务功能融合，增强共同为复杂性科技创新需求提供所需服务的能力与质量，从而提升各平台选择协同发展策略的概率，由此推动区域科技创新服务平台生态化发展。

⑤η对区域科技创新服务平台生态化演进的影响。基于其他参数不变，η变化对区域科技创新服务平台生态化演进影响的仿真结果，如图2-20所示。

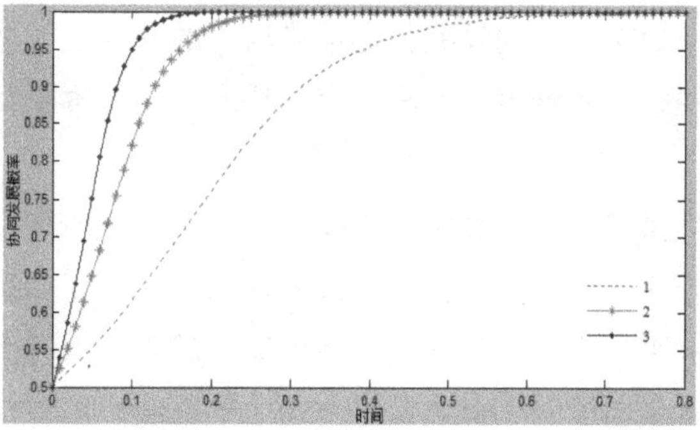

图2-20　η对区域科技创新服务平台生态化演进影响

图2-20中，当η取值为1时，平台选择协同发展策略的概率曲线变化为先缓慢上升后快速上升再趋向于1，当η取值为2时，平台选择协同发展策略的概

率为先快速上升后趋向于 1 的稳态，当η取值为 3 时，其曲线变化与η取值为 2 时相似，但趋向于 1 的速率更快。由此可以看出，区域科技创新服务平台的网络规模与共享平台和技术平台协同发展策略的选择存在正相关关系，即平台网络规模越大，汇聚的共享平台和技术平台数量越多，集成的科技资源也越丰富，随之就越能吸引更多平台加盟，从而提高平台选择协同发展策略的概率，推动区域科技创新服务平台向生态化可持续协同发展方向演进。

⑥μ对区域科技创新服务平台生态化演进的影响。基于其他参数不变，仿真μ取值为 0.3、0.5 和 0.7 时，对区域科技创新服务平台生态化演进的影响，如图 2-21 所示。

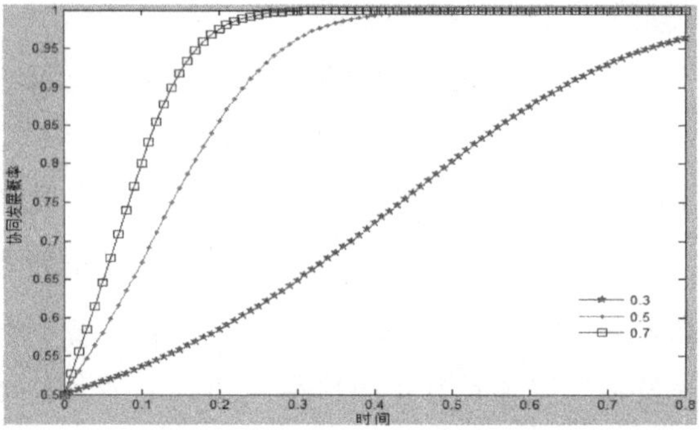

图 2-21　μ对区域科技创新服务平台生态化演进影响

图 2-21 中，当μ取值为 0.3 时，平台选择协同发展策略的概率曲线将朝向于 1 的稳态呈现缓慢上升趋势，当μ取值由 0.5 增加至 0.7 时，平台选择协同发展策略的概率变化曲线均先经快速上升而后向 1 收敛。由图得出，随着区域科技创新服务平台内网络关系强度的增加，共享平台与技术平台之间合作互动的紧密程度越高，各平台选择协同发展稳定策略演进的速度也就越快，可见区域科技创新服务平台网络关系强度对共享平台和技术平台间协同发展具有重要推动作用。

基于上述仿真得出，一是政府财政补贴对区域科技创新服务平台生态化发展具有正向激励作用，而共享平台对财政补贴的敏感度要高于技术平台；二是区域科技创新服务平台内各子平台为实现协同发展所付出的协同成本如基础设施建设与组织协调运营等成本越高，越不利于平台间协同合作，此时政府财政补贴措施的实行可及时有效地缓解协同成本投入压力，推进区域科技创新服务平台可持续发展；三是区域科技创新服务平台内共享平台和技术平台服务能力越强、服务功能互补程度越高及联盟合作形成的网络规模和网络关系强度越大，越有利于加快推动区域科技创新服务平台生态化发展进程。

2.5.3 区域科技创新服务平台生态化演进规律

区域科技创新服务平台生态化演进随着时间的推移，是一个历经多个阶段且发展周期漫长的动态过程。基于对区域科技创新服务平台生态化演进过程及内部共享平台与技术平台间协同发展演进博弈行为的分析，为了更加深入地探究区域科技创新服务平台生态化演进机理，进一步揭示并凝练出区域科技创新服务平台生态化演进规律如下。

2.5.3.1 自组织运行规律

区域科技创新服务平台生态化演进是从低层级向高层级发展的进化过程，具有典型的自组织运行规律。区域科技创新服务平台内包含着以各子平台为网络节点构成的网络化服务体系，以及各子平台内部还包含着以多个创新主体为节点，其相互之间依托合作关系链接形成的合作网络，而网络中各节点有关科技资源共享与合作创新的决策行为共同决定着网络的整体形态、结构及规模，因此，区域科技创新服务平台是一个具有自组织特征的复杂网络系统。在系统中，各子平台及加盟各平台的创新主体之间通过科技资源流动建立起的紧密关联，使其在网络体系中呈现出一定的空间集聚性，而这种特性随着加盟各子平台的高校、科研院所、企业等创新主体在平台生态化演进过程中的相互交流、相互合作，不断经历着合作关系的新建与解除，进而推动着加盟平台发展及整个区域科技创新服务平台都将随着内部各子平台组成的复杂网络体系的动态变化自组织地向相对稳定状态发展。同时，平台汇集整合科技资源越多，集聚的创新主体数量越高，平台的自身服务能力也会随之增强，进而促进平台自组织向更稳定、更适宜的状态演进。此外，区域科技创新服务平台生态化演进的自组织运行规律还体现在面向外界环境及区域科技创新需求复杂变化时，平台能够不断进行战略调整，使其自身服务功能更好适应外部变化，从而推进平台实现生态化可持续发展。

2.5.3.2 种群动态成长规律

区域科技创新服务平台是涉及多类创新种群的复杂组织，在其生态化发展过程中，创新种群的数量及质量发生着动态变化，并促使种群不断成长。区域科技创新服务平台生态化发展需要历经初始探索、快速成长和持续发展三个演进阶段，而平台能够集聚整合的科技资源有限，其加盟的创新种群数量不能长期保持增长，因此加盟区域科技创新服务平台的创新种群动态成长将呈现S型的发展趋势，即在平台生态化初始探索阶段，由于平台自身条件及服务能力尚不完善，虽然已经能够汇集一定规模的科技资源，并吸引区域部分创新主体加盟，但该阶段创新种群成长速率较为缓慢，种群密度也相对较低。而后随着区域科技创新服务平台内共享平台和技术平台间联盟合作关系的不断深入及平台规模的不断扩大，区域科技创新服务平台将进一步向生态化快速成长阶段跃进，加盟平台的创新种群数量也随着科技资源存储量的不断增加得以迅速增长，此时，种群密度的快速增加，促使各种群之间呈现出多元化的竞合关系。但当平台逐步演进至生态化持续发展阶段时，其加盟创新种群数量将因平台发展的最大承载能力限制，种群密度逐渐增长至相对饱和状态，同时，种群的成长速率也在该阶段趋于平缓并维持稳定。因此，随着时间的推移，区域科技创新服务平台生态化演进将呈现出上述种群动态成长规律。

2.5.3.3 服务协同升级规律

随着区域科技创新服务平台生态化演进，平台自身服务能力与服务模式为了更好地满足区域日益复杂且多样化的科技创新需求，应与平台实现协同发展，并不断进行服务升级与模式创新。区域科技创新服务平台生态化演进的三个阶段，平台整个服务体系须不断完善，服务功能与服务方式须结合各演进阶段特色，体现出不同的服务重点与设计理念。在区域科技创新服务平台生态化演进过程中，加盟平台的用户规模逐步扩大，用户的创新创业需求也日益呈现个性化趋势，而区域科技创新服务平台作为为用户不同创新环节提供满意化科技服务支持的有机载体，其发展以科技创新需求为驱动，因而及时、准确地掌握用户需求将是平台提供服务的根源，因此，区域科技创新服务平台应紧密围绕自身发展，针对生态化演进不同阶段，提供一套与之相匹配的先进服务模式以满足用户现实、潜在与未来的多元化科技创新需求，且该服务模式要求在原有服务思想基础上进行创新，并面向平台生态化发展过程，适时、逐步提升服务能力、增强服务功能、升级服务方式和丰富服务内容，并与平台生态化演进协同升级，在有效提升服务效率的同时，实现平台可持续发展与服务。

2.5.3.4 生态平衡发展规律

区域科技创新服务平台在长期生态化演进过程中，内部共享平台服务功能将不断增强，技术平台与加盟各平台的创新主体数量将逐渐增多，并围绕科技资源共享与服务协同，共享平台和技术平台的联盟合作关系将不断深入，且相互协调与相互支撑，从而最终促使整个区域科技创新服务平台发展达到一种相对稳定的生态平衡状态。而持续良好的生态平衡发展是区域科技创新服务平台生态化演进的最终阶段，此时，加盟区域科技创新服务平台的子平台与用户数量应刚好处于平台能够容纳的最适宜状态，而其集聚的科技资源数量、种类与质量也将处于平台存储的最大范围、最多样化状态和最高水准，且平台内部由共享平台、技术平台及加盟创新主体构成的创新生态网络结构稳定，各节点之间保持着高度密切的科技资源共享与交互关系。在该阶段下，区域科技创新服务平台具备完善的自我调节、自我恢复与自我适应能力，系统内部各子平台与创新主体之间及系统与外界环境之间均能通过高效、流畅的能量流动、信息传递与物质循环，促使相互之间实现高度适应与协调统一，进而保障平台的健康和稳定发展，与此同时，区域科技创新服务平台生态系统内共享平台、技术平台及各平台加盟的创新种群也将通过自我不断进化，使以其为节点构成的创新生态网络结构与功能相对稳定，并在系统受到外界干扰时，系统的自我调节能力能使系统恢复至稳定状态，因此，区域科技创新服务平台生态化演进也是一个动态的生态平衡调节过程，符合生态平衡的发展规律，在该过程中区域科技创新服务平台内共享平台、技术平台及创新种群的不断进化，以及系统与外界环境之间能量、物质、信息等资源的持续交替，能促使平台在一定时间内保持相对稳定的动态平衡状态。

2.6　区域科技创新服务平台生态化服务模式研究框架设计

2.6.1 总体思想

区域科技创新服务平台是一种集成了区域内共享平台与技术平台，能够有效服务支撑区域科技创新及战略性新兴产业发展的综合性、网络化科技服务体系，其生态化发展不仅是平台生态系统逐步形成与完善的过程，还须面向区域日益复杂与个性化的科技创新需求，通过高效集聚整合区域优质科技资源，围绕平台间联盟合作，协同为用户提供更加满意化的科技服务支持，并通过有效平衡服务供需，实现高效配置区域科技资源及最大化服务支撑区域科技创新的目的。基于对区域科技创新服务平台生态化演进机理的深入剖析，进一步针对区域科技创新服务平台不同生态化演进阶段需求，为其设计相匹配的生态化服务模式，以结合区域科技创新服务平台生态化演进路径，科学指引其可持续服务方向。综上，基于如下思路设计区域科技创新服务平台生态化服务模式研究框架。

（1）区域科技创新服务平台生态化演进不仅是其实现可持续发展的最优路径，也是区域内共享平台和技术平台协同服务支撑区域科技创新的最佳发展状态。因此，在探索区域科技创新服务平台生态化演进机理的基础上，须进一步围绕平台服务本质，结合服务创新思想，构建一套能够伴随平台不断发展且符合其生态化演进阶段需求及规律的先进服务模式，更加有效服务支撑区域科技创新、推进平台实现可持续发展与服务。

（2）随着我国创新驱动发展战略的深入实施，面向日益复杂、多样与个性化的科技创新需求，区域科技创新服务平台须为实现生态化发展，以国家科技基础条件平台总体服务思想为基准，结合生态化演进轨迹，从原有内部各子平台独立传统的基础服务模式逐步向先进的生态化服务模式转变，并在构建平台生态化服务模式的基础上，进一步设计服务模式运行机制，以保障服务模式的顺利运行与实现。

（3）区域科技创新服务平台生态化发展与服务不仅要紧密契合区域科技创新及战略性新兴产业发展的实际需要，还需时刻关注平台服务的实际效果，掌握平台服务过程中的优势与不足，以有效提升平台服务水平与绩效。因此，在设计区域科技创新服务平台生态化服务模式及运行机制后，还需进一步构建区域科技创新服务平台生态化服务效果评价体系，及时有效地掌握平台服务的实际状态，为平台服务模式升级与运行机制优化等提供科学依据。

2.6.2 核心内容

根据总体设计思想，提出如下区域科技创新服务平台生态化服务模式研究的核心内容：首先，基于对区域科技创新服务平台生态化演进机理的分析，结合平台生态化演进阶段划分，顺应区域科技创新服务平台内共享平台与技术平台联盟合作与科技资源共享共用的发展趋势，须秉承循序升级、协同共生的原则，构建一套符合平台生态化演进阶段特性及规律的先进服务模式，为区域科技创新与战略性新兴产业发展提供更加生态化的协同服务支持。其次，结合区域科技创新服务平台生态化服务模式构建，须进一步为保障服务模式的顺利运行，围绕平台生态化发展及服务管理的实际需要，系统构建区域科技创新服务平台生态化服务模式运行机制，更好支撑服务模式的有效运行。最后，基于区域科技创新服务平台生态化服务模式构建与运行机制设计，需进一步通过评价平台生态化发展的实际服务效果，构建区域科技创新服务平台生态化服务效果评价体系，一方面及时掌握平台服务状态，明确平台服务过程中的优势与不足；另一方面为有效提升平台服务效果、创新平台服务模式及优化服务模式运行机制等提供科学的方向指引。综上，基于对区域科技创新服务平台生态化演进机理的揭示，构建区域科技创新服务平台生态化服务模式，随后为保障服务模式的顺利运行，设计服务模式运行机制，为有效掌握平台生态化的实际服务效果，进一步设计平台生态化服务效果评价体系。由此，区域科技创新服务平台生态化服务模式研究的核心内容具体基于“模式构建—模式运行—服务评价”的内在逻辑进行设计，每一个环节相互支撑，以充分保障区域科技创新服务平台生态化发展及服务供给的可持续性。

2.6.3 总体框架

结合区域科技创新服务平台生态化服务模式研究的总体思想与核心内容设计，构建区域科技创新服务平台生态化服务模式研究总体框架，如图 2-22 所示。

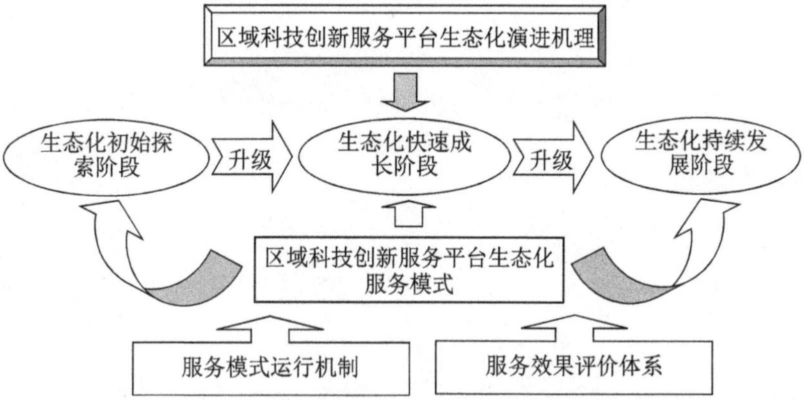

图 2-22　区域科技创新服务平台生态化服务模式研究框架

2.7 本章小结

本章首先给出了区域科技创新服务平台内涵及特征，提出了平台服务功能、服务流程与发展需求，在此基础上，基于生态化发展理念，界定了区域科技创新服务平台生态化内涵、特征及种群类型；其次，通过分析种群间互动关系，探究了基于服务链的区域科技创新服务平台种群共生行为，构建了区域科技创新服务平台生态循环模型；再次，运用自组织理论分析了区域科技创新服务平台生态化演进条件，剖析了平台生态化演进影响因素，并在明确平台生态化演进动因的基础上，提出了平台生态化演进过程，设计了平台生态化演进博弈模型，揭示了平台生态化演进规律；最后，设计了区域科技创新服务平台生态化服务模式研究框架，为后续研究奠定了基础。

第 3 章　区域科技创新服务平台生态化服务模式构建

在对区域科技创新服务平台生态化演进机理进行分析的基础上，根据区域科技创新服务平台生态化演进阶段需求及规律，构建与之相匹配的区域科技创新服务平台生态化服务模式，并提出服务模式选择与动态转换策略。

3.1　区域科技创新服务平台生态化服务模式构建思路

结合区域科技创新服务平台生态化演进机理分析，区域科技创新服务平台生态化服务模式设计须与平台不同生态化演进阶段需求与条件变化相适应，并具有针对性、动态性、创新性和匹配性特征。因此，区域科技创新服务平台生态化服务模式是一种随着平台生态化演进及创新服务需求不断变化，而设计的与平台生态化演进阶段相匹配的创新型服务模式，即围绕服务创新思想，基于现实需求情境下区域内共享平台与技术平台间联盟合作与服务协同，依托彼此优质科技资源与特色服务功能的有机集成所设计的能够面向区域科技创新，以及战略性新兴产业实际发展需要，提供多平台协同服务且能不断适应平台生态化演进以及实现平台服务效率、服务质量、用户满意度和科技资源利用率最大化的新型服务模式。

区域科技创新服务平台生态化服务模式的构建思路应站在平台持续发展的战略高度下，基于区域科技创新服务平台不同生态化演进阶段的区域战略性新兴产业创新服务需求及各阶段系统内共享平台与技术平台间的协同度与服务要素差异，围绕循序升级、协同共生的原则进行设计。区域科技创新服务平台生态化服务模式的发展路径，如图 3-1 所示。

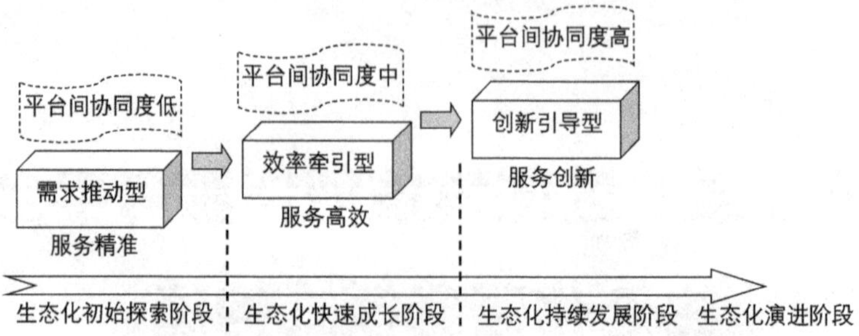

图 3–1　区域科技创新服务平台生态化服务模式发展路径

（1）生态化初始探索阶段。区域科技创新服务平台内共享平台与技术平台自建设以来多是独立提供传统服务，但由于各平台集成科技资源及服务能力有限，难以满足日益复杂、多样化的科技创新需求，因此，为了更加有效服务支撑区域科技创新发展，面向用户对服务精细化要求的逐步增加，将促使平台间开展联盟合作随之步入生态化初始探索阶段，以服务精准为核心，开始重点关注为用户提供更加精细化、专业化、网络化和集成化的协同服务供给，即“围绕区域内共享平台与技术平台初步协同发展，面向用户复杂需求，提供更加精细化的多平台科技资源协同匹配服务”。该阶段在用户需求推动下，核心服务思想为基于区域科技创新服务平台内共享平台与技术平台间联盟合作，通过彼此科技资源共享共用，为用户提供多平台优质科技资源协同匹配的精细化科技服务支持。

（2）生态化快速成长阶段。随着区域科技创新服务平台生态化的快速发展，在提供精细化科技服务的基础上，平台将逐步积累大量的科技资源、需求及服务经验与案例，并逐步提炼出一批标准化服务模块，因此，为了进一步大幅提升平台服务效率，快速响应用户需求，有效降低服务成本，区域科技创新服务平台将逐步围绕大量共性化的科技创新需求及重复性的服务匹配，以服务高效为核心，开始重点关注于为用户提供更加高效、智能化的协同服务供给，即“围绕区域内共享平台与技术平台间协同服务关系的不断深化，面向用户大量共性化需求，基于标准化服务模块提炼与开发，协同提供更加智能化的多平台标准化科技资源组合服务”。该阶段在服务效率牵引下，核心服务思想为通过积极引入大数据等新兴信息技术和服务管理方法，基于区域科技创新服务平台内共享平台和技术平台统一标准化处理科技资源及开发服务模块等方式，制定服务标准，为用户提供多平台标准化科技资源组合的智能化科技服务支持。

（3）生态化持续发展阶段。当区域科技创新服务平台逐步演进至生态化持续发展阶段时，随着区域战略性新兴产业面向未来创新发展的服务需求逐步增加，要求区域科技创新服务平台在提供精细化及智能化科技服务的基础上，积极探索面向未来的个性化科技创新服务需求，并以服务创新为核心，开始重点关注为用户提供更加创新性及智慧化的协同服务供给，即“围绕区域内共享平台和技术平台高度协同发展，面向用户未来需求，协同提供更具前瞻性与引导性的智慧服务”。该阶段在服务创新引导下，核心服务思想为基于区域科技创新服务平台内共享平台和技术平台对未来科技创新需求的协同预测与积极引导，通过集成多样资源与多方智慧，为用户提供智慧化、增值性的科技服务支持。

综上所述，区域科技创新服务平台生态化演进历经初始探索、快速成长和持续发展三个阶段，每一个阶段都以不同服务要素为主导，因此，区域科技创新服务平台生态化服务模式设计需要结合每一生态化演进阶段的服务核心与特色，构建一套与平台生态化演进阶段相匹配适应且柔性的服务模式。基于该设计思想，围绕区域科技创新服务平台生态化演进机理分析，面向用户科技创新需求的日益精细化、复杂化与个性化，区域科技创新服务平台为实现可持续发展以及更加有效服务支撑区域科技创新，其服务理念与服务形式应随着平台生态化发展而发展演变，即服务理念须由原有内部各子平台“独立服务”逐步向“协同服务”转变，服务形式也须结合平台生态化演进阶段中服务要素呈现出的“服务精准→服务高效→服务创新”的演进轨迹及规律，从传统的基础服务供给逐步向更加精细化、智能化及智慧化的服务方向演化。因此，围绕上述规律，将区域科技创新服务平台生态化服务模式按照平台三个生态化演进阶段，细分为精细服务模式、智能服务模式和智慧服务模式三种类型，如图 3-2 所示。

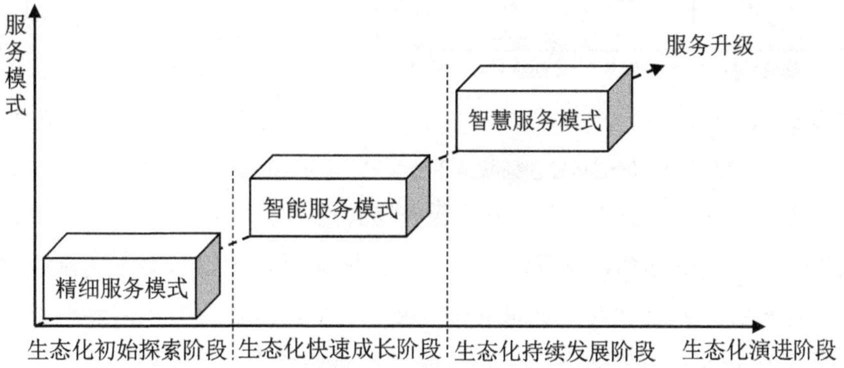

图 3-2　区域科技创新服务平台生态化服务模式类型

在区域科技创新服务平台生态化初始探索阶段、生态化快速成长阶段和生态化持续发展阶段，相对应的服务模式依次为精细服务模式、智能服务模式和智慧服务模式，而区域科技创新服务平台可具体依据科技创新需求变化与所处生态化演进阶段，自动、灵活地调整自身服务模式，因此，本书设计的区域科技创新服务平台生态化服务模式随着平台生态化演进阶段的逐步升级，将依次有序共存且灵活转换。在此基础上，区域科技创新服务平台在具体提供服务时，围绕用户需求的不同状态及服务匹配的不同复杂程度，即使同一类服务模式在不同维度下，其服务内容、服务形式、服务方案等也不尽相同，因此，以区域科技创新服务平台生态化演进阶段、平台提供服务的复杂程度和用户的需求状态为三个维度，进一步构建区域科技创新服务平台生态化服务模式空间定位模型，以更好地解释区域科技创新服务平台生态化服务模式的构建思路，如图 3-3 所示。

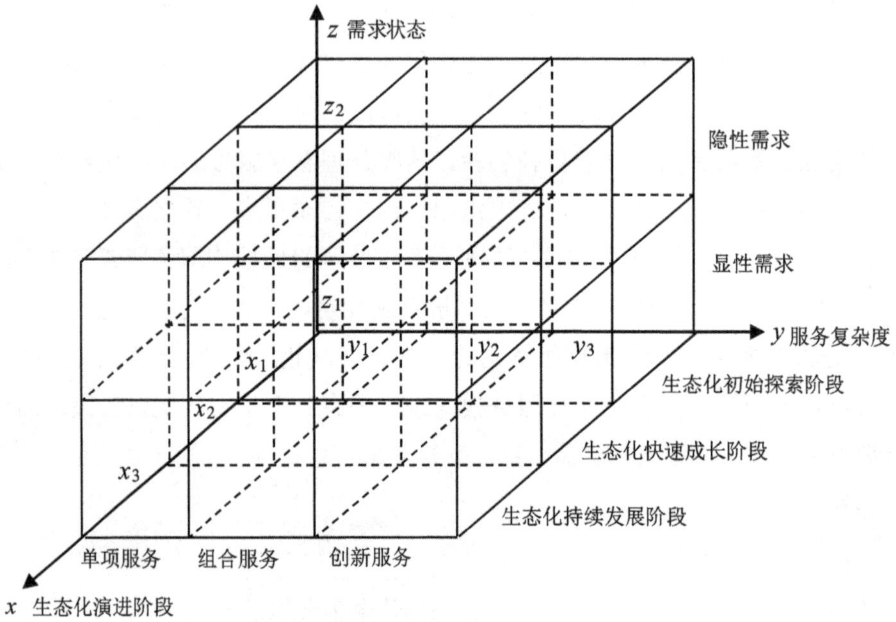

图 3-3　区域科技创新服务平台生态化服务模式空间定位模型

在区域科技创新服务平台生态化服务模式空间定位模型中，由x轴平台生态化演进阶段（生态化初始探索阶段、生态化快速成长阶段和生态化持续发展阶段）、y轴平台服务复杂度（协同单项服务、多平台组合服务和需要再设计的创新式服务）和z轴用户需求状态（显性需求和隐性需求）共同构成的三维空间模型内，分布着 18 个小空间，代表了区域科技创新服务平台处于不同生态化演进阶段时上述三类服务模式的所有服务状态与子服务模式集合，即平台处于不同生态化演进阶段时，相对应的精细服务模式、智能服务模式和智慧服务模式，基于不同的用户需求及服务匹配的复杂度差异，均可细分为6种子服务模式$f\left(x(t),y,z\right)$，其中$x=1,2,3;y=1,2,3;z=1,2$，t为区域科技创新服务平台不同生态化演进阶段下的不同时段。而随着区域科技创新服务平台生态化不断发展，在不同生态化演进阶段当平台服务的重要支撑要素，如政策、技术等发生实质变化时，区域科技创新服务平台生态化的精细服务模式、智能服务模式和智慧服务模式的具体服务方案、服务内容及子服务模式也须不断进行动态调整与创新，以确保提供的服务能与平台不断生态化发展相适应，即在不同生态化演进阶段下的不同t时段，平台的服务方案不尽相同。由此本书结合区域科技创新服务平台生态化演进阶段与规律，设计的包含精细服务模式、智能服务模式和智慧服务模式的区域科技创新服务平台生态化服务模式是能够结合不同因素变化下，随着平台不断生态化演进而不断进行内部服务状态与服务内容动态转变的一套具有空间动态特性的生态服务模式。区域科技创新服务平台生态化服务模式分类模式，如表3-1所示。

表3-1　区域科技创新服务平台生态化服务模式分类模型

演进阶段	面向显性需求的服务			面向隐性需求的服务			生态化服务模式
	单项服务	组合服务	创新服务	单项服务	组合服务	创新服务	
生态化初始探索阶段	$f\left(1(t),1,1\right)$	$f\left(1(t),2,1\right)$	$f\left(1(t),3,1\right)$	$f\left(1(t),1,2\right)$	$f\left(1(t),2,2\right)$	$f\left(1(t),3,2\right)$	精细服务模式
生态化快速成长阶段	$f\left(2(t),1,1\right)$	$f\left(2(t),2,1\right)$	$f\left(2(t),3,1\right)$	$f\left(2(t),1,2\right)$	$f\left(2(t),2,2\right)$	$f\left(2(t),3,2\right)$	智能服务模式
生态化持续发展阶段	$f\left(3(t),1,1\right)$	$f\left(3(t),2,1\right)$	$f\left(3(t),3,1\right)$	$f\left(3(t),1,2\right)$	$f\left(3(t),2,2\right)$	$f\left(3(t),3,2\right)$	智慧服务模式

综上所述，结合区域科技创新服务平台生态化服务模式构建思路，进一步对区域科技创新服务平台生态化初始探索阶段、生态化快速成长阶段和生态化持续发展阶段相对应的三大类服务模式，即精细服务模式、智能服务模式和智慧服务模式进行详细设计。

3.2 精细服务模式

3.2.1 精细服务模式的内涵及特征

3.2.1.1 精细服务模式内涵

精细服务模式是针对区域科技创新服务平台生态化初始探索阶段，区域科技创新服务平台内共享平台与技术平台服务协同理念初步形成，基于各平台集成资源缺口，围绕相互间联盟合作与科技资源库的共享共用，协同面向用户需求，提供精细化的多平台科技资源协同匹配服务的一类集成性服务方式。

3.2.1.2 精细服务模式特征

精细服务模式的设计主要基于区域科技创新服务平台内共享平台与技术平台的初步联盟合作与服务协同，面向区域战略性新兴产业创新需求的日益复杂及用户对平台服务更加精细化的要求，而围绕平台间科技资源互补与共享，协同为用户提供精准化的科技服务支持。精细服务模式既是区域科技创新服务平台生态化的基本服务模式，也是智能服务模式和智慧服务模式的基石。精细服务模式的主要特征如下：

（1）交互性。面向区域科技创新需求的日益复杂及用户对平台服务精细化的更高要求，区域科技创新服务平台内共享平台和技术平台难以依靠自身独立的服务功能与资源存储，全方位、及时响应用户需求，为用户提供满意化服务支持，因此，平台间需进一步通过签署联盟协议，围绕彼此交互合作与资源共享共用，为用户提供多平台协同服务，更加精准有效地服务支撑科技创新发展。

（2）集成性。精细服务模式需要区域科技创新服务平台内各平台基于联盟合作，有效集成彼此优质科技资源，从而主动适时面向用户复杂、多样化科技创新需求，精准提供多平台优质科技资源协同匹配的集成化科技服务，并有效平衡服务供需。

（3）强针对性。精细服务模式具有很强的针对性，即区域科技创新服务平台内各平台须分别基于对用户需求特性的有效分解，有针对性地在自建科技资源库或联盟平台科技资源库中搜寻匹配科技资源，从而实现面向用户需求提供精准化的科技资源匹配服务。

（4）高匹配性。精细服务模式具有非常精准的资源与需求高匹配性，具体体现在精细服务模式的实现主要以满足用户需求为出发点，并针对用户需求，通过跨平台检索科技资源库，获取多平台科技资源集成信息的方式，协同为用户提供精细化的服务供给。

3.2.2 精细服务模式的框架

精细服务模式是围绕区域科技创新服务平台内共享平台和技术平台的初步协同发展，面向区域战略性新兴产业创新需求的日益复杂与不断细化，通过平台间联盟合作以及科技资源库的开放共享，而协同为用户提供更加精准化、专业化、网络化与集成化的科技资源协同匹配对接服务，以更加有效地服务支撑区域科技创新及战略性新兴产业发展。该类服务模式的重点是基于科技资源的原始形态，通过共享平台与技术平台间的合作交互，围绕彼此科技资源库的共享共用，而实现“需求—资源”的精准化协同匹配。精细服务模式的框架，如图 3-4 所示。

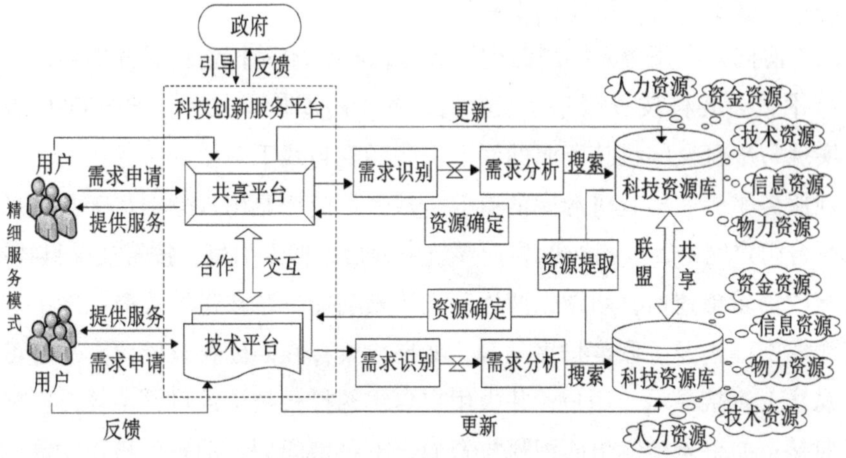

图 3-4　精细服务模式框架

区域科技创新服务平台生态化的精细服务模式是面向用户需求，提供跨平台科技资源协同匹配的精细化服务方式，其服务流程如下：

（1）需求申请。区域科技创新服务平台加盟用户可根据自身所需科技资源类型与属性，自主选择向提供公共基础性科技资源服务的共享平台和提供专业化技术服务支持的技术平台，通过门户网站等途径，提出需求申请。

（2）需求识别与分析。接收需求申请后，区域科技创新服务平台须先对用户需求进行有效识别与分析，将用户需求进行具体化和清晰化处理，以更加全面、深入地掌握用户需求，为其提供精准化服务奠定基础。

（3）资源提取与确定。基于需求识别与分析，区域科技创新服务平台内共享平台和技术平台须依托彼此间联盟互动与科技资源库开放共享，按需在自建科技资源库或合作链接科技资源库中搜索匹配资源，并进行信息提取与确定。

（4）服务对接与资源更新。检索与确定相匹配资源后，区域科技创新服务平台须将资源匹配方案直接推送给用户，进行供需对接。此外，平台还须通过不断整合用户需求、反馈信息及资源利用率等，定期对科技资源库进行动态更新，对于冗余资源要进行总量控制；对于短缺资源，要制定合理策略实现有效集成；对于优势资源则要加快补充，提高资源整体利用率。

3.2.3 精细服务模式的内容

精细服务模式是面向区域科技创新服务平台内共享平台与技术平台联盟合作，依托其相互间集成科技资源的共享共用与动态调动，提供相对精细化与集成化的协同服务，其主要服务内容如下：

（1）协同匹配服务。协同匹配服务是依托区域科技创新服务平台内共享平台与技术平台间科技资源库互联互通，基于跨库检索技术，结合O2O服务形式，实现跨平台全网科技资源的线上协同匹配与线下对接的服务供给。区域科技创新服务平台间科技资源库的有效链接，可使加盟用户分别基于共享平台和技术平台门户网站，依托web界面导航中的信息搜索引擎，按需搜寻科技资源。平台接收需求申请后，须预先调用语义检索功能，在自建科技资源库中进行科技资源匹配筛选及关联度排序处理，如果检索存在匹配科技资源，平台可将检索信息线上直接显示给用户，并由用户自主选择科技资源供给主体，实现线下服务对接；如果未检索出匹配科技资源，平台须即刻启动跨库检索功能，检索联盟平台科技资源库，搜寻用户所需资源，并将搜索信息直接推送给用户，用户可自助通过平台提供的链接，获取跨平台资源，以此真正实现一站式的跨库全网科技资源匹配，减少用户反复搜寻科技资源时间，提高服务匹配效率与科技资源利用率，平衡服务供需。

（2）协同推送服务。协同推送服务即区域科技创新服务平台内共享平台与技术平台分别围绕用户实际需求，深层次挖掘与预测用户潜在及未来服务需要，利用协同过滤及数据交互技术，有针对性将用户可能感兴趣或所属产业领域先进技术等信息通过协同整合与共享后，主动、适时、敏捷化地采用跨平台推送形式，推送给用户。区域科技创新服务平台具体需依据用户的日常检索、网页浏览和服务记录等痕迹数据，结合分析同一创新群体共性需求、用户所属产业领域的发展动态与趋势预测等信息，分别对用户的潜在及未来所需科技资源或服务进行挖掘，并通过跨平台信息集成系统，将联盟平台的多维度用户需求信息进行协同整合与分类处理，筛选出当下用户最感兴趣及最热的相关信息，依托多平台门户网站浮窗、用户电子邮箱及微信公众号等方式，协同可视化地推送给用户。协同推送服务一方面能多渠道激发用户需求，推进用户创新；另一方面有利于不断扩大平台服务广度、提升平台利用率、避免资源冗余。

（3）协同客服服务。协同客服服务是基于区域科技创新服务平台内共享平台和技术平台联盟合作与服务协同，面向用户获取跨平台科技资源及线下服务对接过程中的任何问题，围绕云端数据处理，协同提供解决方案的服务方式。协同客服服务需要平台依托人工在线客服、语音客服、机器人客服及移动APP助手等共同构成的多功能客服系统，基于分布式服务架构，结合联盟平台间客服系统的有效链接、数据传输与服务转接，在精准、动态识别用户需求后，通过全网数据统计、即时在线沟通及自动服务分配等方式，快速协同解答用户疑问、受理服务业务，并不断收集用户反馈信息，为有效提升用户满意度、精准掌握科技资源集成缺口、高效配置科技资源及升级平台服务奠定基础。

需要说明的是，区域科技创新服务平台生态化的精细服务模式除了具有以上三种主要服务内容外，随着区域科技创新服务平台生态化的不断演进，其围绕用户需求与需要匹配服务复杂度的不断变化，区域科技创新服务平台在精细服务模式下的不同子服务模式，其具体的服务内容、服务方式及服务方案等均需进一步结合平台实际服务过程中的各要素变化情况，而不断进行动态调整与创新，不断适应平台不同生态化时刻的发展需求变化，实现生态化服务供给，并促进平台可持续发展与服务。

3.2.4 精细服务模式的适用条件

精细服务模式是基于区域科技创新服务平台生态化发展初期，为了更加有效地服务支撑区域科技创新发展，面向用户对平台服务越发精细化的要求，而依托区域内共享平台与技术平台初步联盟合作与服务协同所设计的服务模式。精细服务模式作为区域科技创新服务平台生态化最基础且平台间初步实现协同发展时所外化最主导的服务形式，其内部每一子服务模式的实施均应充分利用互联网技术与资源，依据用户需求与服务复杂度的不断变化，不断调整服务方案，并兼顾共享平台与技术平台之间联盟合作的自主性且能产生的协同效应，对外提供最专业化、精细化、网络化与集成化的协同服务。精细服务模式的具体服务内容主要包含协同匹配服务、协同推送服务和协同客服服务三种，每种服务之间都呈现出互补、共存、相互支撑以及动态配合的状态，以全方位为满足用户复杂的科技创新需求，依托多平台联盟与资源集成，提供精准化的科技资源匹配服务。虽然精细服务模式是面向区域科技创新服务平台生态化发展初期，共享平台和技术平台之间初步实现协同发展设计的服务模式，但其作为最为基础的多平台间优质科技资源面向用户需求，协同提供精准化资源匹配服务的低层级服务模式，应共存于平台生态化发展的每一阶段，并随着区域科技创新服务平台生态化发展过程中共享平台和技术平台数量与规模的不断扩大，提供更加多元化的科技资源且更为精准化的协同服务。因此，精细服务模式的适用范围较广，适用条件应是在区域科技创新服务平台生态化演进各阶段，基于共享平台与技术平台间联盟合作与服务协同，面向用户科技创新需求，协同提供精准化的科技资源匹配服务。精细服务模式的适用范围与使用频次模拟，如图 3-5 所示。

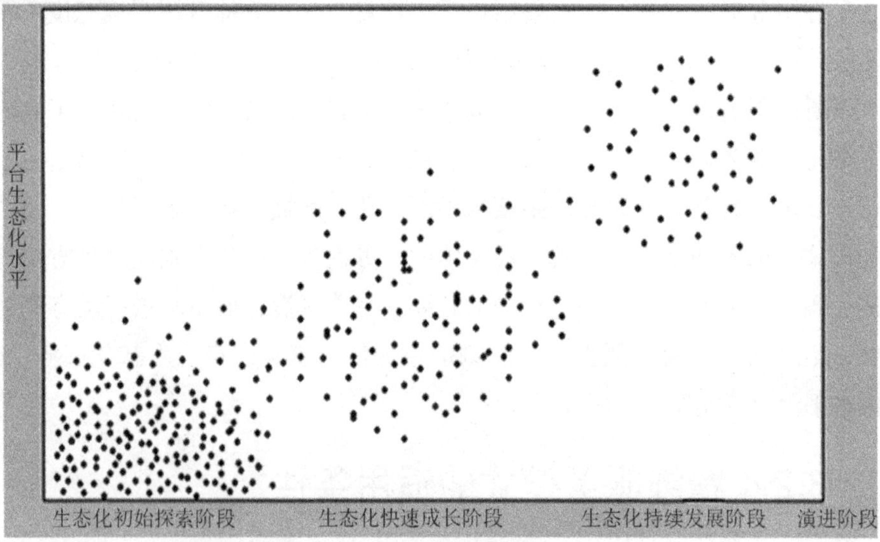

图 3-5　精细服务模式适用范围与使用频次模拟

3.2.5 精细服务模式的管理方式

鉴于区域科技创新服务平台是一种包含区域内共享平台和技术平台的网络

化平台体系，也是一种融合公共基础性平台资源和专业技术性平台资源的综合性服务载体，其多平台协同共生发展的独特经营方式，使其管理模式和单一平台独立管理模式存在本质上的差异，因此，对区域科技创新服务平台各生态化服务模式的管理方式进行探索具有重要的理论价值与实践意义。

精细服务模式是基于区域科技创新服务平台生态化初始探索阶段，区域科技创新服务平台内共享平台和技术平台初步实现协同发展，随着各平台科技资源库的联盟共享与平台门户网站间的相互链接，通过有效拓展平台获取科技资源渠道及集成科技资源种类、丰富科技资源来源等方式，协同面向用户需求提供精细化的科技服务支持。鉴于精细服务模式设计是基于共享平台和技术平台间的初步交互，因此，各平台的组织管理方式应相对独立，与此同时各平台的发展目标及运营方式存在一定差异，具体体现在：第一，服务目标差异化，虽然区域科技创新服务平台整体以最大化服务支撑区域科技创新发展为宗旨，但其内部共享平台具有公共性服务特征，主要为区域内的各类创新种群提供相对基础性的科技资源共享服务，而技术平台作为一类专业化的中介组织，其主要针对特定区域战略性新兴产业的培育与发展，为用户提供不同专业方面的技术性服务支持，因此，区域科技创新服务平台内共享平台和技术平台的服务目标存在一定差异。第二，组织结构差异化，共享平台通常是由区域各级政府主导建设，而技术平台主由企业或科研机构组建，在本质上，共享平台和技术平台的组织结构有所不同。第三，服务方式差异化，由于共享平台和技术平台的服务目标、组织结构都存在差异，而平台服务方式一般是依照平台服务目标，经过平台组织决策与业务管理进行设计的，因此平台服务方式也呈现出一定的差异化。基于上述分析，精细服务模式的管理方式应遵循用户对服务越发精细化的需求，不断协同共享平台与技术平台间的发展目标，并秉承平台间协同统一的战略规划与方向，分别结合平台的不同经营特色，在各平台科技资源库开放共享共用以及部分服务功能实现交互的基础上，实行差异化的管理方式。此外，结合区域科技创新服务平台生态化初期演进规律，基于其体系内共享平台与技术平台相互之间的动态交互关系，所外化供给的精细服务模式，需要注重各平台之间管理组织结构的相对集中与信息、科技资源传递的高度通畅，并不断针对用户需求及外部技术等环境的复杂变化，及时调整管理方式与决策。精细服务模式的管理方式，如图 3-6 所示。

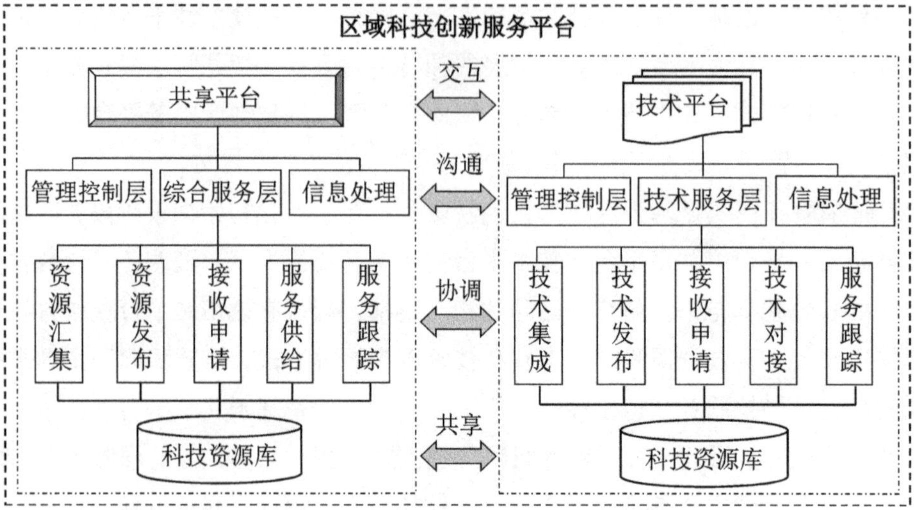

图 3–6　精细服务模式的管理方式

3.3　智能服务模式

3.3.1 智能服务模式的内涵及特征

3.3.1.1 智能服务模式内涵

智能服务模式是针对区域科技创新服务平台生态化快速发展阶段，区域科技创新服务平台内共享平台和技术平台间协同服务理念不断深化及协同度大幅提升，进一步协同面向大量共性化的科技创新需求及重复性的科技服务匹配，为有效提高服务效率、降低服务成本，以大数据、云计算、人工智能等先进信息技术为支撑，将具有共性特征且能重复使用的科技资源进行标准化模块处理，以协同面向用户共性需求，智能提供多平台标准化服务组合的一类高效性服务方式。

3.3.1.2 智能服务模式特征

智能服务模式的设计主要基于区域科技创新服务平台生态化快速发展，面向大规模共性化的科技创新需求，通过开发标准化服务模块，智能为用户提供多平台标准服务模块组合的高效科技服务支持。智能服务模式不是简单地通过共享平台和技术平台之间的初步交互，为用户提供相对单一的科技资源匹配对接，而是通过各平台对科技资源与服务的知识性和模块化处理，为用户提供多项标准化资源与服务智能组合的服务方式。智能服务模式的主要特征如下：

（1）协同性。智能服务模式是以精细服务模式为基础，在区域科技创新服务平台为用户科技创新提供精细化科技服务的基础上，面向大量共性化的科技创新需求以及重复性的服务匹配，伴随平台生态化的快速发展并基于平台间协同性的大幅提升，而为进一步有效提高服务效率、降低服务成本设计的服务模式。因此，智能服务模式的实现需要共享平台和技术平台在不断深化协同服务理念的基础上，不断协同资源供给方式、服务匹配形式等服务核心，以最大化实现多平台协同服务支撑区域科技创新的协同效应。

（2）灵活性。灵活性是智能服务模式的基本特性，具体体现在智能服务模式的实现需要区域科技创新服务平台内共享平台和技术平台基于有效的协同发展与科技资源库的相互链接，围绕大数据等新兴信息技术引入，通过统一标准化模块处理科技资源，制定服务标准，面向用户需求及对需求的有效分解，采用跨平台服务模块的按需灵活匹配，为用户提供满意化的科技服务支持。

（3）高效性。智能服务模式即伴随区域科技创新服务平台生态化快速发展，为进一步有效提高平台服务效率、降低服务成本，引入先进信息技术，为用户提供所需更加高效、低成本的服务响应，因此，高效性是智能服务模式的重要特性。智能服务模式主要通过开发标准化服务模块，面向用户共性化需求，快速做出跨平台多样服务模块智能组合的服务响应，以此高效服务用户科技创新。

（4）智能性。智能服务模式的实现需要区域科技创新服务平台积极引入先进的信息技术与服务管理方法，使其具有智能化的数据处理能力，能够通过动态监测各子平台的科技资源存量，有效识别用户复杂的科技创新需求，合理调动平台网络间的标准化科技资源，实现智能化的服务供给及有效平衡平台间的服务供需。

3.3.2 智能服务模式的框架

智能服务模式是围绕区域科技创新服务平台内共享平台和技术平台的快速协同发展，为了大幅提升服务效率、降低服务成本，通过多平台间标准化服务模块的统一开发，协同面向用户需求，基于多平台服务模块的智能组合，为用户提供高效协同服务的服务方式。智能服务模式的框架，如图 3–7 所示。

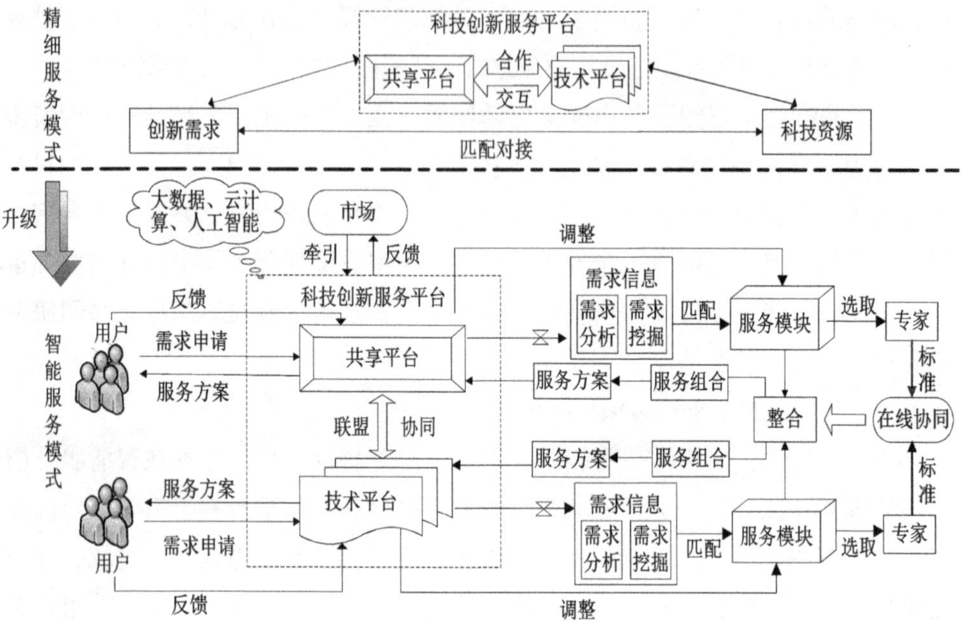

图 3–7　智能服务模式框架

区域科技创新服务平台生态化的智能服务模式是为了有效提高服务效率、降低服务成本，面向用户共性需求，智能提供多平台标准化服务模块灵活组合匹配的服务方式，其服务流程如下：

（1）需求分解与挖掘。区域科技创新服务平台接收用户需求申请后，筛选出具有共性特征的科技创新需求，并进行需求的深入分解与挖掘。

（2）服务模块匹配。基于对需求的深入分解与挖掘，区域科技创新服务平台内共享平台和技术平台须按照一定的服务标准，对自有服务模块和联盟平台服务模块进行逐一智能化匹配，并快速提取及聚类所需服务模块，对于能精准匹配服务模块的简单创新需求，可直接确定服务模块组合方案推送给用户。

（3）专家选取与协同。对于无法精准匹配服务模块的复杂创新需求，进一步选取与用户所属同一产业领域或从事相关研究的科技专家，对服务模块匹配度进行判定，并提供相应的专业化服务予以辅助。

（4）服务整合与方案制定。基于服务模块匹配与专家服务，区域科技创新服务平台须有效整合服务模块与专家服务信息，制订集成化的服务方案推送给用户。此外，平台须定期收集、分类与剖析用户的服务反馈信息，并基于服务反馈信息积累，对服务模块的划分、功能设计与组合方式等进行合理调试，以提高服务的科学性与高效性。

3.3.3 智能服务模式的内容

智能服务模式是精细服务模式的升级，是随着区域科技创新服务平台生态化快速发展，而逐步面向大量共性化的科技创新需求，制定服务模块，建立服务标准，提供高效服务的服务模式，其服务内容以模块化服务为主导、专业化服务为辅助、套餐型服务为模块化服务的进一步升级。

（1）模块化服务。模块化服务是面向大规模及共性化的科技创新需求，基于对需求的有效分解，将能重复性使用且具有关联性或共性特征的科技资源进行标准化模块封装，并按需进行适当组合提供服务的方式。区域科技创新服务平台可依托大数据处理技术，有效采集及整理用户检索、资源使用和服务匹配等惯性信息，结合对用户现实、潜在及未来创新需求的高效集成与深度挖掘，将能服务于同一创新链节点和具有共性及通用性特征的可供用户重复性使用的科技资源，进行统一标准化模块封装，并配以编码及关键词搜索标签，以在面向用户共性化的科技创新需求时，依托智能识别及 Agent 分布集成技术，即时灵活地将跨平台服务模块按需进行组合，并协同推送给用户，以此简化平台反复识别需求、提取及组合资源的加工过程，大幅缩短用户检索及等待科技资源与服务的匹配时间。模块化服务不仅需要平台不断对用户需求及科技资源使用频率进行有效整合，还需要适时更新与调整服务模块的划分及各模块中的资源存储信息。

（2）专业化服务。专业化服务是区域科技创新服务平台内共享平台与技术平台分别通过联盟合作国内外著名高校、科研院所等科研机构，从不同产业领域汇集具有丰富理论和实践经验的科技专家，并面向用户复杂需求提供多专家协同服务的方式。当模块化服务难以满足用户复杂科技创新需求时，区域科技创新服务平台须进一步基于对用户需求类别的划分，启动跨平台智能检索与提取技术，跨平台协同筛选及邀请与用户所属同一产业领域的多名专家，并分别结合各位专家的丰富专业经验、资深学术造诣及对跨平台资源的集成选择，协同为用户提供专业化的解决方案。专业化服务一方面需要平台吸引大量专家加盟，不断丰富专家库；另一方面需要按需精准选择服务专家并注重对多专家间服务协同关系的协调优化。

（3）套餐型服务。套餐型服务是区域科技创新服务平台内共享平台和技术平台协同通过统计分析用户的科技资源选择偏好、服务匹配记录等信息，将用户不同科技创新环节中常用且通用性的服务模块，按照不同组合形式进行套餐组合提供服务的服务方式。套餐型服务需要区域科技创新服务平台拥有强大的数据处理系统及数据分析能力，能通过将处于研发、小试、中试、产品化和产业化等不同科技创新环节的用户惯用或关联性较强的服务模块组合方案整合成套餐形式，再将服务套餐按照基础服务套餐、标准服务套餐和高端服务套餐等进行级别划分，将各套餐中的资源与服务选择进行差异化处理，并制定不同的套餐价格，以供用户按需自由选择。套餐型服务模式设计具有一定的普适性，套餐中包含的资源或服务都需经过平台的精确分析与高质量的协同组合，因此套餐型服务具备主动为用户提供服务模块组合搭配，缩短用户选取一系列创新活动相关服务的时间。同时，针对用户与日俱增及日益复杂的科技创新需求，套餐型服务应不断拓展服务范围，并定期调整套餐内容与资费，更贴合用户的实际创新需要。

区域科技创新服务平台生态化的智能服务模式除了具有上述三种主要服务内容外，其内部具有的多种子服务模式，基于用户的显性与隐性需求，以及平台针对用户需求所提供服务的复杂度由单项服务向创新服务的转变，区域科技创新服务平台在智能服务模式下细分出的不同子服务模式，对外表征的具体服务内容及服务方案不仅存在一定差异，还须不断围绕区域科技创新服务平台生态化快速发展，伴随平台服务能力的升级及新兴信息技术的引入，而不断改变服务组合方式，智能调整与丰富服务内容。

3.3.4 智能服务模式的适用条件

智能服务模式是基于区域科技创新服务平台生态化快速成长阶段，伴随区域科技创新服务平台内共享平台和技术平台间协同程度的大幅提升，而进一步为有效提高协同服务效率、降低协同服务成本设计的服务模式。智能服务模式需要其内各子服务模式均能依托大数据、云计算、人工智能等新兴信息技术引入，通过开发标准化服务模块，制定服务标准，按照用户需求与服务匹配复杂度变化，灵活智能地为用户提供其所需差异化的高效协同服务支持。在生态化初始探索阶段，区域科技创新服务平台内共享平台和技术平台通过初步交互为用户提供相对单一性的科技资源协同匹配服务，而随着共享平台和技术平台间合作联盟关系的不断深入与稳固，以及平台与创新主体加盟数量的不断增多，区域科技创新服务平台将逐渐步入生态化快速成长阶段，此时共享平台和技术平台将基于大量科技资源与服务经验的不断积累，更进一步以快速有效地响应用户需求为出发点，不断增强自身服务能力与服务效率，对外提供更加高效灵活的智能服务。智能服务模式具体包含模块化服务、专业化服务及套餐型服务三种服务形式，且彼此呈现出互补、共存与相互支撑的状态，从而协同为用户提供更加高效、高质与低成本的科技服务支持。由此可以看出，智能服务模式顺应与遵循区域科技创新服务平台的生态化发展规律，作为服务等级高于精细化服务的中层级服务模式，其适用条件应伴随区域科技创新服务平台内共享平台与技术平台间联盟合作的不断深入，通过平台间标准化科技资源交互与互补服务内容有机组合，共存于平台生态化快速成长和生态化持续发展两个阶段，并通过模块化服务组合，快速响应用户需求，有效提高服务效率、降低服务成本。智能服务模式的适用范围与使用频次模拟，如图 3-8 所示。

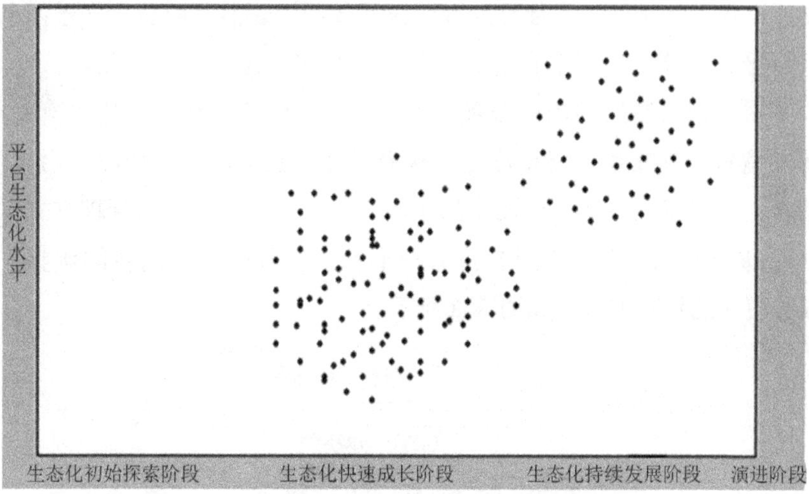

图 3-8 智能服务模式适用范围与使用频次模拟

3.3.5 智能服务模式的管理方式

智能服务模式的实现需要区域科技创新服务平台内共享平台和技术平台的深入协同发展。在区域科技创新服务平台生态化快速成长阶段，其整体服务水平有所提升，即共享平台和技术平台历经生态化初始探索阶段，随着长时间的合作与交流，逐步形成相对稳定且紧密的联盟协作关系，进而在推动平台向高发展层级跃进的同时，也为平台的服务模式升级奠定了坚实的协同发展基础。因此，智能服务模式的管理方式应充分考虑共享平台与技术平台间协同度的大幅提升，具体而言，智能服务模式的管理方式，首先，需要共享平台和技术平台面向服务模式的升级，进一步有效协同服务理念，将为用户创新提供智能高效服务作为服务与组织管理的协同目标；其次，为了更好地实现多平台间多样科技资源与服务模块的智能组合，共享平台和技术平台应基于组织管理部门协同，专门组建一个协同管理中心，以面向平台间的合作互动，提供组织平衡、协调调度等管理工作，并进一步对其他部门的管理职能进行细化分工；再次，智能服务模式须不断通过新兴信息技术引入、有效识别用户需求、反复数据读取，服务模块适时调整、服务动态交互匹配等，持续为用户提供高效优质协同服务，这对平台的管理体系在一定程度上提出了较高要求，因此，共享平台和技术平台为实现有效的协同发展，各自的管理及业务组织部门都需共同面向用户需求，通过保持长期的合作与沟通，为协同服务供给提供最为基础的组织保障，此外，各平台具体负责数据处理的技术部门，还需不断引入先进信息技术，升级平台服务功能，并对平台的数据存储系统进行定期维护与更新，以此为满足用户需求，即时高质地给予服务响应。最后，伴随平台生态化快速发展，其内外部环境将不断发生着复杂变化，国家或区域政策、产业结构变化与调整及区域创新主体、资源等数量变动，都影响着平台的组织结构与管理方式，因此，实时针对环境变化，平台需对自身管理形态进行及时动态的协同调整。综上，智能服务模式的管理方式，如图 3-9 所示。

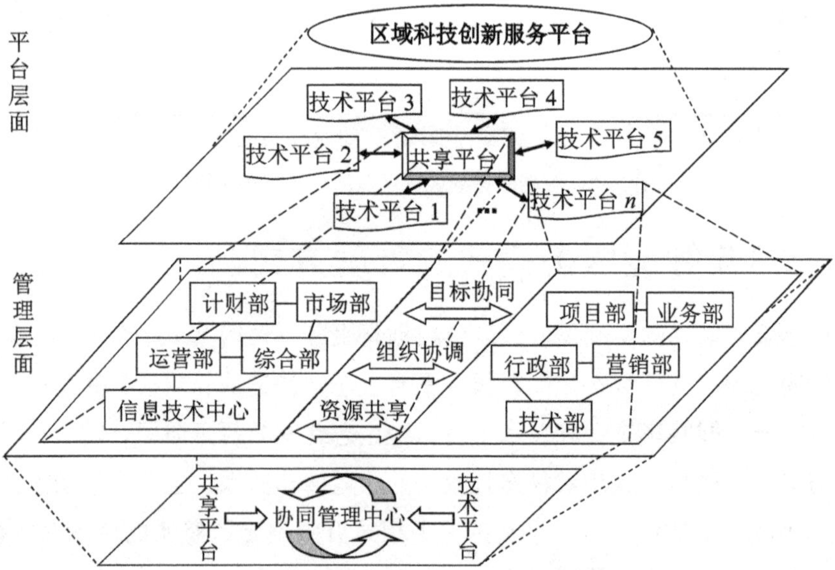

图 3-9　智能服务模式的管理方式

3.4　智慧服务模式

3.4.1 智慧服务模式的内涵及特征

3.4.1.1 智慧服务模式内涵

智慧服务模式是针对区域科技创新服务平台生态化持续发展阶段，区域科技创新服务平台内共享平台和技术平台高度协同且达到融合发展状态，依托整体服务功能的协同与升级，进一步面向未来区域科技创新及战略性新兴产业发展日益个性化的服务需要，以智库系统为核心，围绕智力资本的积累，通过集成多方智慧，主动从战略层面，为用户持续创新提供系统一体化服务方案的一类创新引导性服务方式。

3.4.1.2 智慧服务模式特征

智慧服务模式是在精细服务模式和智能服务模式的基础上，进一步通过积极探索用户未来个性化的科技创新需求，基于凝聚多方优质智慧资源，提供最高端增值性的智慧服务，其主要特征如下：

（1）融合性。智慧服务模式是区域科技创新服务平台生态化持续发展阶段的主导服务模式，是伴随区域科技创新服务平台生态化发展逐步趋向成熟时，共享平台和技术平台实现相互融合共生发展，且基于多方智慧有机融合，所设计的高级服务模式，其作为智能服务模式的升级，是通过智能与智力的有机融合，针对用户探索性及个性化的科技创新需求，通过多平台智库系统的协同运行，提供智慧融合化的科技服务。

（2）引导性。智慧服务模式设计面向未来，具有引导性特征，即智慧服务模式主要根据用户对战略规划制定、前沿技术发展趋势预测、产品研发可行性判定等探索性及个性化的科技创新需求，提供智慧嵌入式的科技服务，从而针对用户的管理决策及研发至成果转化等各科技创新环节提供科学的方向指引与前瞻性的服务支持。

（3）增值性。智慧服务模式的实现需要面向用户需求，依托区域科技创新服务平台集成科技专家、服务团队等多方智慧融合，协同为用户提供系统一体化的服务解决方案。在这一过程中，围绕科技资源的高端集成，随着创造性知识的不断迸发与交互，将不断促使大量科技创新成果的有效产出，进而围绕平台服务价值增值，形成增值效应。

（4）专业性。智慧服务模式基于用户需求分析，依托区域科技创新服务平台内共享平台和技术平台智库系统的协同运行，通过协同筛选与集成相关研究领域专家等方式，组建服务智慧团队，再通过有效融合高精尖的专业技术知识、实践经验等科技资源，为用户提供专业性极强且极具先进性与创新性的服务方案。

3.4.2 智慧服务模式的框架

智慧服务模式是基于区域科技创新服务平台生态化持续发展阶段，区域科技创新服务平台内共享平台和技术平台逐步实现融合共存且服务功能高度协同，从而进一步面向未来探索性及日益个性化的科技创新需求，依托先进的新兴信息技术支撑，通过智库系统协同建设，多方智慧有机融合，为用户提供具有前瞻性、创新性和引导性智慧服务的服务方式。智慧服务模式的框架，如图 3-10 所示。

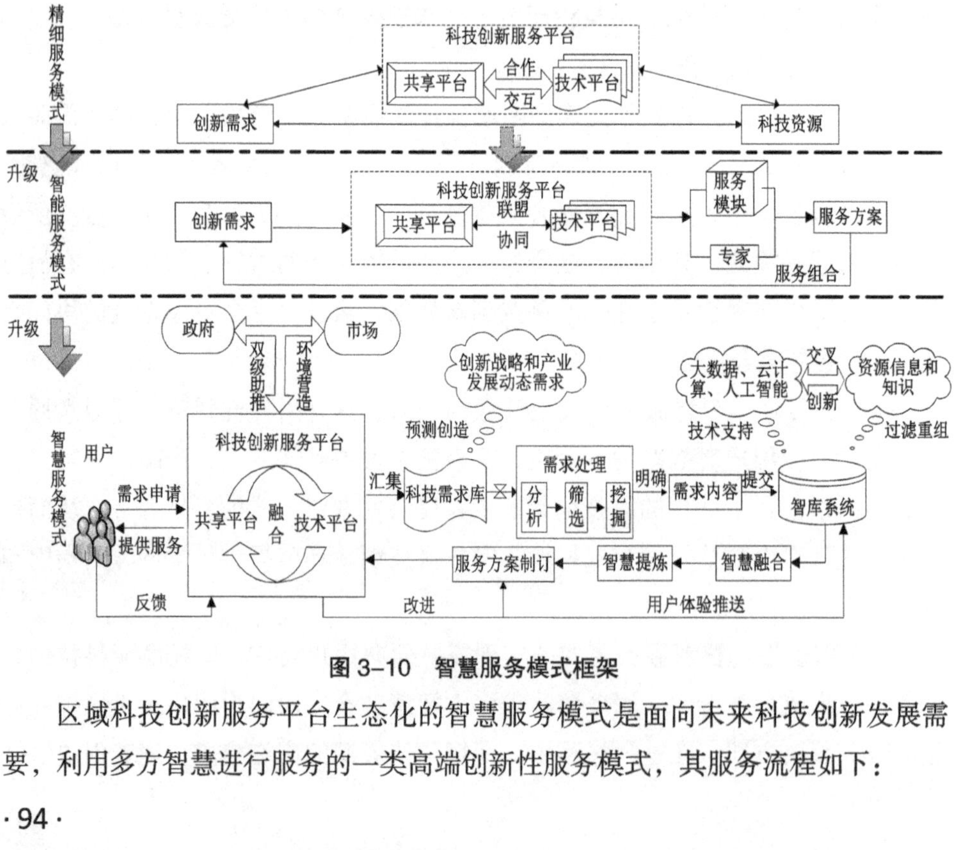

图 3-10 智慧服务模式框架

区域科技创新服务平台生态化的智慧服务模式是面向未来科技创新发展需要，利用多方智慧进行服务的一类高端创新性服务模式，其服务流程如下：

（1）需求申请与处理。区域科技创新服务平台面向区域科技创新及战略性新兴产业发展变化趋势，基于对用户需求数据的海量积累，积极预测与创造科技创新需求，集成于科技需求库，当平台接收用户需求申请后，须预先在科技需求库中进行筛选与识别，如果存在匹配需求，可直接将通用性服务方案推送给用户，如果用户需求较为复杂、探索性与个性化，无法匹配需求，平台需进一步对用户需求进行精细化分析与深层次挖掘，并自动甄别出用户的显性需求与隐性需求，以全面掌握用户需求信息。

（2）智库系统运行。在明确复杂、探索性及个性化的用户需求详细信息后，区域科技创新服务平台须启动由多平台专家库、服务机构以及管理团队等多维度共同打造的智库系统，从中有针对性且智能地选取服务智慧团队。

（3）智慧融合与提炼。结合线上线下协作的形式，服务智慧团队内部成员须基于各自对知识的掌握、析取与创造，依托专业技术及决策判断能力的有机集成，初步形成由多元智慧融合的服务汇总，并深度结合需求特性，从中进一步提炼核心与高精的服务智慧。

（4）服务方案制订与跟踪。基于核心与高精服务智慧的有机融合，制订系统化的服务方案推送给用户，并进行服务的动态跟踪。同时，基于用户反馈与服务跟踪信息，智库系统须对每一服务方案的具体实施情况进行总结与评估，由此积累服务经验，不断提升服务质量，并基于用户反馈，及时了解市场及技术前沿，为预测和提炼需求，丰富科技需求库提供依据。

3.4.3 智慧服务模式的内容

智慧服务模式是精细服务模式和智能服务模式的升华，是面向未来探索性及日益个性化的科技创新需求，专项提供多方智慧融合的前瞻性与创新性智慧服务的服务模式，其主要服务内容如下：

（1）定制化服务。定制化服务是区域科技创新服务平台专项针对用户复杂关键性的创新难题及未来发展规划的探索性需求，通过动态集成多样科技资源及专家智慧，为用户创新提供所需“量身特制”型服务的服务方式。定制化服务作为融合了多方智慧的高级服务体现，是专业化服务的升级，具有“一对一”专项服务特征，是最大化以用户为中心，根据用户对当前需求的清晰与真实描述，有针对性依托强大的智库系统，基于智能化分解与提取技术，组建同用户需求所属相关领域的服务智慧团队，并基于多平台优质科技资源与多维度智慧的有机集成，协同为用户提供所需个性化的服务方案及发展规划的制定。定制化服务不仅对平台间融合互动、科技资源积累、智库系统建设运行及服务智慧团队选取具有较高要求，还需根据用户需要，通过精炼、浓缩系统化的知识与智慧，基于对其进行深度挖掘与专业分析，实现嵌入式的智慧融合性服务供给。

（2）群智一体化服务。群智一体化服务以引领用户需求为导向，是区域科技创新服务平台在有效集成多元化多层次智慧、精准掌握海量科技创新需求及市场政策等环境变化的基础上，通过积极征集用户创新需求，基于智能数据库的高效实时处理，解析用户现实需求，并结合对用户潜在及未来创新需求的深度挖掘与精准预测，基于群智感知与学习技术的应用，主动、敏捷化为用户推送其直接所需及间接关联性的包含从研发、成果转化、创业孵化到管理决策等科技创新创业全环节一体化服务的群智型服务方式。群智一体化服务一方面需要区域科技创新服务平台拥有强大的智能数据库及数据处理技术，能自动辨识与系统分析用户需求特性、服务选择行为偏好等显性需求，以及用户战略目标、技术潜力、科技创新活动等关联的隐性需求；另一方面需要平台加强对“高精尖”专家的有效集成及专家智慧迸发的有效激励，从而协同基于多维智慧集成提供系统性的智慧服务供给。

（3）网络联盟化服务。网络联盟化服务基于资源供给方与服务需求方的互补性特征，围绕区域科技创新服务平台内共享平台与技术平台的融合发展，结合各平台原有产学研联盟关系固有边界的突破，通过物联网等先进信息技术，针对战略性新兴产业关键技术研发及科技成果转化等共性需求，重新基于科技资源间的优势互补，采用跨平台联盟融合形式，建立起由具有相同科技创新发展目标或科技资源互补集成的多样创新主体构成的多领域、多方位立体式创新合作网络，并通过网络节点间的配合，围绕科技资源及知识的共享共用，依托网络内各创新主体开展科技创新创业活动经验，通过相互间的智慧交互，以平台为中介，协同向所属相同领域的服务需求者提供所需服务的高级服务方式。网络联盟化服务的实现一方面需要创新合作网络内各创新主体间的协同配合与经验积累；另一方面需要注重网络整体的战略布局、网络内科技资源的平衡配置及创新主体对供需角色的快速转变。

区域科技创新服务平台生态化的智慧服务模式作为基于多方智慧提供服务的最高端的创新性服务模式，除了具有定制化服务、群智一体化服务以及网络联盟化服务等主要服务内容外，需要进一步说明的是，当区域科技创新服务平台处于生态化持续发展阶段时，智慧服务模式基于用户需求及服务复杂度变化，所具体细分出的多种子服务模式的服务内容不仅局限于上述三种形式，而且需要不断基于区域科技创新服务平台生态化持续发展，在实践过程中，围绕用户实际创新需要与服务匹配的复杂情况，而不断丰富与调整具体的服务内容，以此在实现不断动态的生态化服务供给的同时，推进区域科技创新服务平台可持续发展。

3.4.4 智慧服务模式的适用条件

智慧服务模式是源于区域科技创新服务平台生态化发展水平经过大幅度提升后，逐步趋于持续相对稳定发展状态，且伴随平台整体服务能力升级，在智能服务模式基础上，进一步随着区域战略性新兴产业竞争的日益激烈，面向其未来探索性及个性化的科技创新需求，所设计的集成多方智慧对外提供前瞻性与创新性服务的高端服务模式。具体而言，智慧服务模式作为顺应区域科技创新服务平台生态化发展的逐步成熟，基于其内部共享平台与技术平台间的持续合作与融合发展，围绕“智能＋智力”的高级服务理念，面向区域科技创新需求的日益个性化，通过多平台间智库系统的协同建设与运行，将智慧作为服务工具与内容，为用户持续创新提供群智服务的一类先进服务方式。智慧服务模式是集区域科技创新服务平台的服务价值和创新精神为一体的引导性与创新性服务模式，其运行一方面需要依托大数据、云计算、人工智能等先进信息技术为有效支撑，并围绕智库系统的协同运行，智能精准化地选取服务智慧团队；另一方面需要充分围绕区域内外优质科技资源与多层次智慧，基于平台间高度一致的服务协同目标与形态，对外提供创新性的智慧服务。基于此，智慧服务模式作为利用智慧提供服务的最高端且在平台生态化处于持续稳定发展阶段时的典型服务模式，其适用条件应随着区域科技创新服务平台内共享平台和技术平台实现融合发展，基于整体协同服务能力的大幅提升，存在于平台生态化持续发展阶段，其主要以先进信息技术为依托，强大智库系统运行为中枢，面向用户探索性及日益个性化的科技创新需求，围绕优质科技资源与智慧集成，提供系统性、创新性及增值性的服务解决方案。智慧服务模式的适用范围与使用频次模拟，如图 3-11 所示。

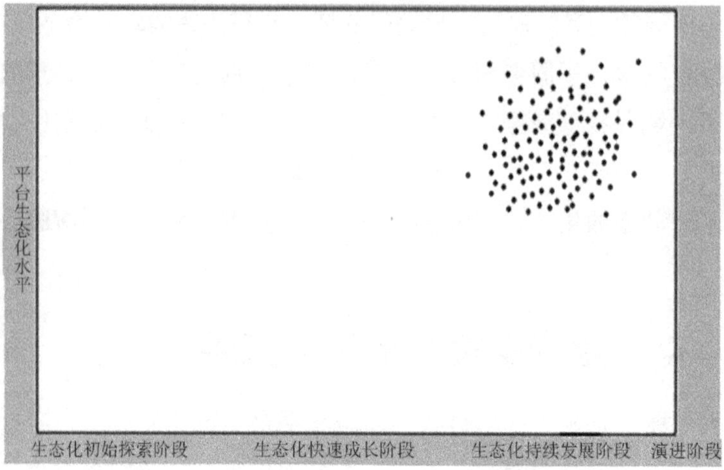

图 3-11　智慧服务模式适用范围与使用频次模拟

3.4.5 智慧服务模式的管理方式

智慧服务模式的提出是基于区域科技创新服务平台生态化持续发展阶段，随着区域科技创新服务平台内共享平台和技术平台之间联盟合作关系的越发紧密，围绕平台整体协同服务能力的大幅提升，伴随整个平台生态系统日渐成熟且呈现出相对稳定发展形态，而进一步面向未来日益个性化与探索性的区域科技创新发展需求，以智库系统及服务智慧团队为核心力量，在精细化服务与智能化服务协同供给的基础上，通过融合多元知识、技能、思想等智慧，以及对智慧的反复凝练与整合，为用户提供前瞻性、创新性与智慧性的系统服务解决方案。因此，智慧服务模式的管理方式首先应站在区域科技创新服务平台的整体发展战略高度下，基于共享平台与技术平台的高度协同发展，围绕平台间联盟合作程度的不断深化，以及智库系统的协同建设与不断协同运行，一方面，为了进一步扩大智慧的融合范围，可通过有效集成多平台管理层面智慧的方式，使平台管理层也加入到协同服务创新过程中，从而将区域科技创新服务平台整体发展成为一个庞大的智慧供给与集成系统，以此面向用户未来创新需求，提供更加多元化的智慧供给服务；另一方面，基于智慧服务模式的增值特性，围绕区域科技创新服务平台生态化发展得日益成熟，平台内各组织结构间需协同基于智慧融合，围绕服务所创造的新资源及新知识，基于“需求—资源—服务—新资源—新需求”的良性服务循环，不断升级组织协同管理能力、模式及制度，为智慧服务模式的实施提供有效的管理保障。其次，由于智慧服务模式需要面向用户的未来创新需求，围绕多平台智库系统协同运行，通过多方位智慧有机融合，为用户提供系统化的服务解决方案，而这一服务过程要求共享平台和技术平台之间能够在高度协同发展基础上，随着区域科技创新服务平台生态化发展进程的不断推演及彼此合作共享关系的不断深化，从根本的组织结构上实现融合一体化的平台生态系统网络形态；最后，智慧服务模式的管理方式，需要结合区域科技创新服务平台内外环境的复杂变化，具有自组织和自进化的灵活性，即面向系统内外环境的多变性，区域科技创新服务平台在生态化持续发展阶段需以整体为单位，为共同应对与适应环境变化，具有自我调节、自我平衡与自我完善的管理能力。鉴于上述分析，智慧服务模式的管理方式，如图 3-12 所示。

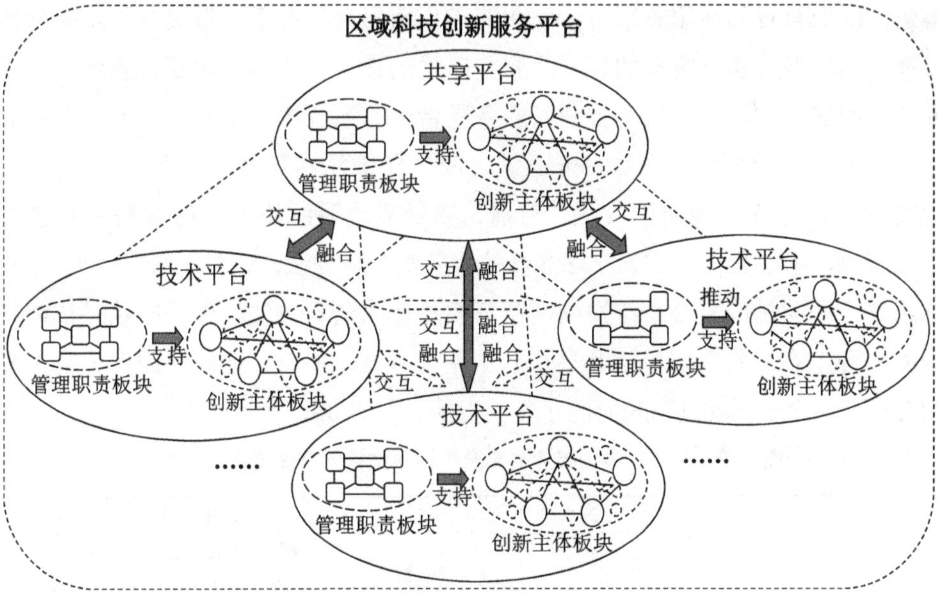

图 3-12　智慧服务模式的管理方式

3.5　区域科技创新服务平台生态化服务模式选择与动态转换

3.5.1 区域科技创新服务平台生态化演进阶段识别及服务模式选择

区域科技创新服务平台生态化演进分为生态化初始探索阶段、生态化快速成长阶段和生态化持续发展阶段，随着区域科技创新服务平台生态系统内共享平台和技术平台之间协同程度的不断提升，将推动着平台逐层向更高生态化发展层级跃进，并对外提供更高层级的服务模式，因此，识别区域科技创新服务平台生态化处于哪一演进阶段及选择何种服务模式可通过测量其系统内各子平台之间的协同程度予以体现。

协同理念于 1965 年最早由安索夫提出，他认为协同是指在同一目标的推动下，相对独立的系统在某种机制作用下能进行资源共享和合作协调的过程[157]。对一个系统而言，协同程度能够决定整个系统自组织地从无序状态向有序状态演进。区域科技创新服务平台生态化演进作为平台生态系统形成与逐步完善的过程，其生态化演进阶段的识别及服务模式的选择可通过引用复合系统协同度测算模型进行刻画。区域科技创新服务平台生态系统主要由共享平台子系统和技术平台子系统构成，而每一子系统之间主要依托相互合作沟通与资源流动，推动着平台整体实现协同发展。目前，测量复合系统协同度的方法主要包括 DTS 模型、灰色聚类法和基于序参量的协同度测量方法，结合文献[158-159]，本书选用基于序参量的复合系统协同度测算模型作为研究方法。由于区域科技创新服务平台生态系统主要包括共享平台子系统和技术平台子系统，因此，首先分别针对这两个子系统选取相应的序参量指标，如表 3-2 所示。

表 3-2　区域科技创新服务平台生态系统协同度测量指标体系

子系统	序参量	序参量分量
共享平台子系统	资源共享程度	资源对需求满足程度 X_{11}
		资源标准化水平 X_{12}
		资源更新频率 X_{13}
		资源类型多样性 X_{14}
		资源利用率 X_{15}
	公共服务广度	服务领域覆盖面 X_{16}
		服务功能完善度 X_{17}
		多平台合作服务频率 X_{18}
		服务有效性 X_{19}
技术平台子系统	资源集聚程度	资源结构合理性 X_{21}
		资源集成特色性 X_{22}
		资源互补性 X_{23}
		重点产业覆盖率 X_{24}
		资源集成增长率 X_{25}

续表

子系统	序参量	序参量分量
技术平台子系统	技术服务深度	服务专业化程度 X_{26}
		服务先进性 X_{27}
		优质服务占比 X_{28}
		服务规范性 X_{29}

（1）共享平台子系统指标选取。共享平台作为为区域科技创新提供公共基础性科技资源共享服务的一类中介服务载体，选取资源共享程度和公共服务广度作为其序参量，其中资源共享程度具体选取平台集成资源对需求的满足程度、资源标准化水平、资源更新频率、资源类型多样性和资源利用率为测度指标；公共服务广度则选择平台服务领域覆盖面、服务功能完善度、多平台合作服务频率和服务有效性为测度指标。

（2）技术平台子系统指标选取。技术平台作为面向区域特定产业发展提供专业化技术服务的一类组织机构，选择资源集聚程度和技术服务深度作为其序参量，其中具体选择资源结构合理性、资源集成特色性、资源互补性、重点产业覆盖率和资源集成增长率为资源集聚程度的测量指标；选择服务专业化程度、服务先进性、优质服务占比和服务规范性为技术服务深度的测量指标。

在构建区域科技创新服务平台生态系统协同度测量指标体系基础上，构建区域科技创新服务平台生态系统协同度测算模型，首先设区域科技创新服务平台生态系统为$S=\{S_1,S_2\}$，各子系统为S_j，$j\in[1,2]$，其中共享平台子系统为S_1，技术平台子系统为S_2，各子系统在发展过程中的序参量为$X_{\mathrm{j}}=(x_{j1},x_{j2},\cdots,x_{jn})$，其中$i\in[1,n]$，$\beta_{ji}\leqslant x_{ji}\leqslant\alpha_{ji}$，$\alpha_{ji}$、$\beta_{ji}$分别为系统稳定临界点上序参量分量$X_{ji}$的上限和下限，假定$x_{j1},x_{j2},\cdots,x_{jk}$为正向影响因素，即其取值越大系统有序程度越高，假定$x_{jk+1},x_{jk+2},\cdots,x_{jn}$为负向影响因素，即其取值越大系统有序程度越低。因此，定义子系统S_j的序参量分量x_{ji}的系统有序度计算公式为：

$$\mu_{\mathrm{j}}(x_{ji})=\begin{cases}\dfrac{x_{ji}-\beta_{ji}}{\alpha_{ji}-\beta_{ji}},i\in[1,k]\\[2ex]\dfrac{\alpha_{ji}-x_{ji}}{\alpha_{ji}-\beta_{ji}},i\in[k+1,n]\end{cases}\tag{3-1}$$

由公式（3-1）可知，$\mu_j(x_{ji})\in[0,1]$，$\mu_j(x_{ji})$数值越大说明序参量分量x_{ji}对系统有序的贡献越大，因此，各序参量分量x_{ji}对子系统S_j有序度的总贡献可通过$\mu_j(x_{ji})$集成来反映，故采用线性加权求和法集成拟合子系统S_j的有序度为：

$$\mu_j(x_j)=\sum_{i=1}^{n}\lambda_i\mu_j(x_{ji})，\ \lambda_i\geqslant 0,\sum_{i=1}^{n}\lambda_i=1\tag{3-2}$$

由公式（3-2）可知，$\mu_j(x_j)\in[0,1]$，$\mu_j(x_j)$数值越大说明x_j对子系统S_j有序度贡献越大，子系统有序度程度越高，反之越低。其中λ_i为权系数代表x_{ji}对系统运行的影响程度，可采用层次分析法确定。

最后，假设在给定的初始时刻t_0，各子系统的有序度为$\mu_j^0(x_j), j=1,2$，而当系统发展演进到时刻t_1，各子系统的有序度为$\mu_j^1(x_j), j=1,2$，则区域科技创新服务平台生态系统的总协同度为：

$$C=\theta\sqrt[2]{\left|\prod_{j=1}^{2}[\mu_j^1(x_j)-\mu_j^0(x_j)]\right|}$$

$$\theta=\frac{\min\limits_{j}[\mu_j^1(x_j)-\mu_j^0(x_j)]\neq 0]}{\left|\min\limits_{j}[\mu_j^1(x_j)-\mu_j^0(x_j)\neq 0]\right|}, j=1,2 \tag{3-3}$$

其中，参数θ的作用在于决定协同度正负值，即仅当$\mu_j^1(x_j)$-$\mu_j^0(x_j)\geqslant 0$时，复合系统的协同度为正，说明系统处于演进状态。

由公式（3-3）可知，区域科技创新服务平台生态系统中对共享平台和技术平台协同度的判断可视为是基于时间序列的动态分析过程，即基于共享平台子系统和技术平台子系统有序度的变化可分析出整个区域科技创新服务平台生态系统的协同状态。通常协同度C的取值范围为[-1，1]，数值越接近于1说明系统的协同发展程度越高，反之亦然。按参考文献[160]，对区域科技创新服务平台生态系统的协同度进行标准划分，如表3-3所示。

表3-3　区域科技创新服务平台生态系统协同度评价标准

协同度 C	[-1，0.4)	[0.4，0.7)	[0.7，1]
评语	协同度低	协同度中	协同度高

对于权重λ_i的确定，可采用层次分析法，具体步骤如下：

（1）层次分析法的核心是通过1-9标度法来构造指标两两比较判断矩阵，并基于指标两两比较的重要性等级判断相对重要性排序。现假设区域科技创新服务平台生态系统协同度测量指标体系有n个评价指标，按照1-9标度法，如表3-4，通过对每一层次指标进行两两比较，构建判断矩阵$A=[a_{ij}]_{n\times n}$，且满足$a_{ij}>0$，$a_{ii}=1$，$a_{ij}=1/a_{ji}$。

表3-4　指标相对重要性等级及其赋值

序号	重要性等级	a_{ij} 赋值
1	i、j元素同等重要	1
2	i元素比j元素稍微重要	3
3	i元素比j元素明显重要	5

续表

序号	重要性等级	a_{ij} 赋值
4	i 元素比 j 元素强烈重要	7
5	i 元素比 j 元素极为重要	9
6	i 元素比 j 元素稍微不重要	1/3
7	i 元素比 j 元素明显不重要	1/5
8	i 元素比 j 元素强烈不重要	1/7
9	i 元素比 j 元素极为不重要	1/9

（2）将判断矩阵按照公式（3–4）进行处理，可得各评价指标的权重。

$$\omega_i = \frac{(\prod_{j=1}^{n} a_{ij})^{\frac{1}{n}}}{\sum_{k=1}^{n}(\prod_{j=1}^{n} a_{kj})^{\frac{1}{n}}} \quad i = 1, 2, \cdots, n \tag{3-4}$$

（3）由于主观对复杂问题的影响因素进行两两比较所作出的判断不能达到完全精准，因此当判断矩阵的阶数$n > 2$时，就要对指标权重进行一致性检验，即依托公式（3–5）和（3–6）计算判断矩阵A的最大特征值λ_{max}与一致性指标CI，随后根据矩阵阶数n计算随机一致性指标RI的数值，表 3–5 为 1~9 阶判断矩阵的RI值。

$$\lambda_{max} = \frac{1}{n}\sum_{i=1}^{n}\frac{\sum_{j=1}^{n} a_{ij}\omega_j}{\omega_i} \tag{3-5}$$

$$CI = (\lambda_{max} - n)/(n-1) \tag{3-6}$$

表 3–5 随机一致性指标RI

n	1	2	3	4	5	6	7	8	9	…
RI	0.000	0.000	0.515	0.893	1.119	1.249	1.345	1.420	1.462	…

（4）根据一致性指标CI与随机一致性指标RI计算一致性比率CR，若$CR < 0.1$，则能通过一致性检验。

$$CR = CI / RI \tag{3-7}$$

综上，依托区域科技创新服务平台生态系统协同度测算模型，本书通过测量区域科技创新服务平台内共享平台与技术平台之间的协同发展程度，识别区域科技创新服务平台所处生态化演进阶段，并为其选择相匹配的服务模式，具体如表 3–6 所示。

当区域科技创新服务平台整体协同状态较低时，说明其内部共享平台和技术平台处于初级协同的交互状态，即表明区域科技创新服务平台处于生态化初始探索阶段，此时区域内共享平台和技术平台基于独立传统的基础服务模式，难以有效满足日益复杂的区域科技创新需求及用户对服务精细化的更高要求，而逐步开始采用联盟合作与服务协同的形式，依托彼此间科技资源库的互联互通与共享共用，为用户提供协同初级的精细服务模式。而随着区域内共享平台与技术平台的逐步协同发展与合作关系的不断深化，区域科技创新服务平台将整体呈现出协同度为中的发展状态，这表明区域科技创新服务平台已逐步基于内部平台间的不断协同发展而跃升至生态化快速成长阶段，此时平台在提供精细服务模式的基础上，将进一步面向大规模共性化的科技创新需求及重复性的服务匹配，更加有效地提高服务效率、降低服务成本，为用户提供更加高效率的智能服务模式。历经生态化快速成长阶段后，随着区域科技创新服务平台发展得日益完善与成熟，区域科技创新服务平台将进一步整体呈现出协同度为高的发展状态，说明此时其内部共享平台和技术平台两大子系统已通过深入的联盟合作，实现了高度协同的融合发展，并表明平台已步入生态化持续发展阶段，在此阶段平台将更进一步面向未来探索性及日益个性化的科技创新需求，升级服务模式为智慧服务模式，与此同时智能服务模式与精细服务模式也在该阶段共存，以协同基于用户不同层次的科技创新需求，最大程度提供满意化的科技服务支持。

表 3-6　平台生态化演进阶段识别及服务模式选择

区域科技创新服务平台整体协同状态	区域科技创新服务平台内部协同状态	生态化演进阶段识别	服务模式选择
低	平台交互	生态化初始探索阶段	★精细服务模式
中	平台协同	生态化快速成长阶段	精细服务模式＋★智能服务模式
高	平台融合	生态化持续发展阶段	精细服务模式＋智能服务模式＋★智慧服务模式

注：表中带★服务模式为平台不同生态化演进阶段时的典型与主导服务模式。

3.5.2 区域科技创新服务平台生态化服务模式动态转换策略

区域科技创新服务平台生态化不仅是区域科技创新服务平台试图实现的最优发展状态，也是一种可持续的发展过程。随着区域科技创新服务平台生态化的不断发展，其内部共享平台与技术平台间的协同发展状态与协同服务要素将随之发生变化，并使得区域科技创新服务平台在不同生态化演进阶段下的主导服务模式也发生动态转换，如图 3-13 所示。

区域科技创新服务平台处于生态化初始探索阶段时，其内部共享平台与技术平台基于传统独立的基础服务模式无法有效满足区域战略性新兴产业日益复杂的创新需求，以及用户对精细化服务的更高要求，随之将初步围绕协同发展理念，依托相互间联盟合作与科技资源库的共享共用，协同为用户提供多平台科技资源协同匹配的精细服务模式。随后，随着区域科技创新服务平台内共享平台和技术平台间协同服务理念的不断深化，并围绕平台对于科技资源与服务经验的不断积累，基于平台间协同度的大幅提升，区域科技创新服务平台将逐渐步入生态化快速成长阶段，并更进一步面向大量共性化的科技创新需求及重复性的服务匹配，为大幅提升服务效率、降低服务成本，通过开发标准化服务模块等，协同为用户提供更加高效的智能服务模式，并由原来的精细服务模式为主导进一步动态转变成为以智能服务模式为主、精细服务模式为辅的服务形态。而随着区域科技创新服务平台生态化持续发展，其内部共享平台和技术平台间联盟合作关系将不断增强，平台整体服务功能与服务水平也将大幅提升，此时平台将更进一步面向未来区域科技创新发展日益个性化与探索性的服务需求，通过融合多方智慧，在精细服务模式和智能服务模式协同供给的基础上，提供更具创新性、前瞻性与引导性的智慧服务模式，同时上述三种服务模式在平台生态化持续发展阶段相互支撑且共存。此外，区域科技创新服务平台生态化的精细服务模式、智能服务模式和智慧服务模式下的不同子服务模式，还须具体依据平台所处生态化演进阶段、实际服务匹配复杂度及用户需求状态等维度，进行子服务模式的选择及服务内容与服务方案的动态调整。

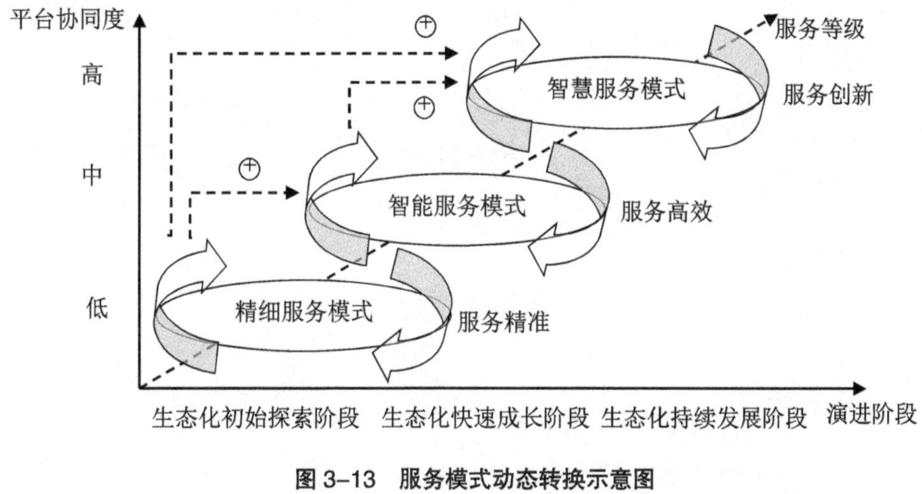

图 3-13　服务模式动态转换示意图

3.6 本章小结

本章首先结合对区域科技创新服务平台生态化演进机理的揭示，依据区域科技创新服务平台不同生态化演进阶段需求与服务要素差异，提出了区域科技创新服务平台生态化服务模式构建思路，明确了平台生态化服务模式发展路径，构建了平台生态化服务模式空间定位模型与分类模型，并将平台生态化服务模式具体按照平台生态化演进阶段，细分为精细服务模式、智能服务模式和智慧服务模式三类；其次，分别对每一类服务模式的内涵与特征、框架、服务内容、适用条件及管理方式等方面进行了详细设计；最后，通过引入基于序参量的复合系统协同度测算法，构建了平台生态化演进阶段识别模型，并根据平台生态化演进阶段识别，提出了服务模式选择方案及动态转换策略。

第 4 章　区域科技创新服务平台生态化服务模式运行机制

区域科技创新服务平台生态化服务模式的顺利运行需要有良好且相匹配的运行机制予以保障，因此，本章沿着“需求集成→资源汇聚→服务匹配→服务创新”的平台服务流程，设计区域科技创新服务平台生态化服务模式运行机制。

4.1　区域科技创新服务平台生态化服务模式运行机制框架设计

基于区域科技创新服务平台生态化服务模式设计，为保障其有效运行，围绕平台服务流程，以引导和满足区域科技创新及战略性新兴产业发展的实际需要为基准，通过集聚整合与优化配置区域多样科技资源，面向复杂与个性化的科技创新需求提供平衡匹配的科技服务支持，并不断进化与创新平台服务内容及形式的科技服务逻辑，构建区域科技创新服务平台生态化服务模式运行机制，即具体包含需求侧引导机制、供给侧优化机制、服务平衡机制及服务进化机制。区域科技创新服务平台生态化服务模式运行机制框架，如图 4-1 所示。

（1）需求侧引导机制。服务来源于需求，全面、精准地掌握区域科技创新及战略性新兴产业发展的实际需要，是区域科技创新服务平台生态化服务的起源与根本，因此，需求侧引导机制的建立是区域科技创新服务平台生态化服务模式运行的重要前提。随着区域战略性新兴产业的快速发展，面向日益复杂、多样及个性化的区域科技创新需求，区域科技创新服务平台须通过合理划分、积极征集、有效识别、深度挖掘、科学整合与适度诱发等方式对区域科技创新需求进行有效集成与引导，进而在有针对性整合区域多样科技资源提供明确方向与依据的同时，为平台生态化服务模式运行奠定基础，因此，需求侧引导机制的设计，可具体分为需求分类与征集、需求识别与挖掘、需求整合与诱发三个子机制。

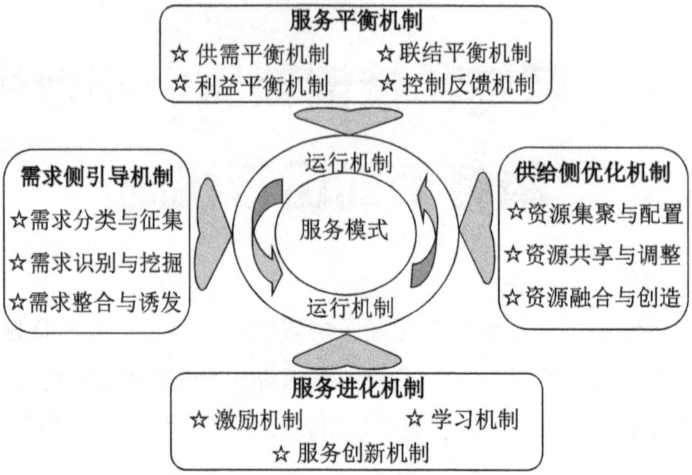

图 4-1　区域科技创新服务平台生态化服务模式运行机制框架

（2）供给侧优化机制。区域科技创新服务平台的供给侧，即科技资源的供给端，是资源供给方的有机集成。区域科技创新服务平台生态化服务模式的顺利运行，需要不断基于区域科技创新需求的复杂变化，积极调整与优化供给侧，以此在不断提高科技资源利用率的同时，提升平台服务能力与服务效果，为平台生态化服务供给提供有效资源保障。故而供给侧优化机制的建立实质上须通过高效集聚与优化配置区域多样科技资源，并基于平台间集成科技资源的共享共用、动态调整与融合创造，不断丰富平台集聚科技资源种类、扩大平台规模、提高平台服务质量、拓展平台服务功能，为平台生态化服务模式运行提供优质、丰富的科技资源支撑。因此，供给侧优化机制可具体分为资源集聚与优化配置、资源共享与动态调整、资源融合与创造三个子机制。

（3）服务平衡机制。在需求侧引导机制与供给侧优化机制基础上，设计服务平衡机制，以进一步通过科技资源与科技创新需求间的有效平衡匹配、区域科技创新服务平台内共享平台与技术平台间服务协同联结关系的适度平衡、多主体协同服务利益的平衡分配及有效控制调节平台生态化服务状态等，实现区域科技创新服务平台生态化服务供给的同时，促进平台间联盟合作关系的不断深化与紧密，增强各平台协同服务积极性，提高平台服务效率与用户满意度，提升科技资源利用率，进而有效推动平台可持续发展与服务。因此，服务平衡机制的设计，可具体分为供需平衡机制、联结平衡机制、利益平衡机制和控制反馈机制四个子机制。

（4）服务进化机制。区域科技创新服务平台生态化服务模式主要包含精细服务模式、智能服务模式和智慧服务模式，而这三类服务模式及每一类服务模式下的子服务模式的实现与运行，均须区域科技创新服务平台在政府的有效激励下、围绕各子平台间的不断学习及服务内容与形式的不断创新升级，基于区域科技创新需求的日益复杂及科技创新环境的不断变化，具有伴随平台生态化发展而不断进化的服务特性。因此，为保障区域科技创新服务平台生态化服务模式的顺利与持续运行，构建服务进化机制，并将其具体分为激励机制、学习机制和服务创新机制三个子机制。

4.2　区域科技创新服务平台生态化的需求侧引导机制

4.2.1 需求分类与征集

4.2.1.1 需求分类

区域科技创新服务平台生态化服务供给及模式运行，以及时、精准满足区域科技创新需求为基准，而区域不同创新主体、不同创新领域、不同创新环节的需求内容与重点由于存在一定差异，因此，须从不同维度及视角对区域科技创新需求进行分类处理，以在全方位了解科技创新需求的基础上，为科学集成科技资源、提供满意化科技服务及顺利运行生态化服务模式奠定基础。

（1）基于创新主体的需求划分。区域科技创新需求主要源自高校、科研院所和企业等创新主体。其中，高校基于知识创新，其需求主要集中在科技成果转移转化、知识产权保护等方面；科研院所的创新需求与高校相似，但更侧重于应用技术研发，其需求主要围绕联合技术攻关、专利申请、成果转让对接等方面；而企业作为科技创新的重要主体，其需求则集中于多个方面，如产品开发、技术选择、科技咨询、科技金融及市场推广等。

（2）基于创新领域的需求划分。区域科技创新服务平台以有效服务支撑区域战略性新兴产业发展、促进传统产业升级为根本，因此，依据不同产业领域对区域科技创新需求进行划分。战略性新兴产业包括新能源、新材料、信息技术和高端装备制造等七大领域，传统产业包括食品加工工业、机械设备工业、农林畜牧业等领域，而不同产业领域的科技创新需求因各领域资源禀赋、技术特征和政策环境等呈现显著差异，例如，新材料与新能源产业，技术研发、材料加工、试验检测等是其关键的科技创新需求来源，高端装备制造业的科技创新需求则重点集中于高资本集聚、市场动态把控及先进仪器设备使用等方面。

（3）基于创新环节的需求划分。科技创新包括科技成果研发、小试、中试、产品化、产业化等多个环节，而不同科技创新环节的科技创新需求不同。例如在科技成果研发阶段，主要对创新团队、科技基础条件、研发资金等有强烈需求；小试阶段，科技需求集中于技术攻关、科技咨询、仪器设备使用等方面；中试阶段的科技创新需求则主要包括专利申请、工程化业务外包、中试基地与检验检测等方面；产品化阶段，主要包括科技中介支持、资金投入、成果转化转移等需求；产业化阶段，成果发布、金融服务、市场推广等则是该阶段的主要需求。

从创新主体、创新领域和创新环节三个维度对区域科技创新需求进行分类，有助于区域科技创新服务平台精准掌握集成科技创新需求的属性特征，以有效提升科技创新需求响应速率，科学整合区域科技资源，并依据科技创新需求类别间的差异性，有效引导不同用户的潜在及未来需求，从而针对用户日益复杂与多样化的科技创新需求，实现为用户提供最大满意化的科技服务支持。

4.2.1.2 需求征集

在对区域科技创新需求进行科学分类的基础上，区域科技创新服务平台须通过不断积极征集区域内分散、多样科技创新需求，主动面向需求提供服务，以此实现平台服务的可持续性。需求征集机制的设计不仅有助于平台及时、准确地掌握用户显性需求，还有助于进一步挖掘用户的隐性需求，从而依托平台生态化服务模式运行，全方位服务支撑区域科技创新发展，并有效提高平台服务效率与用户满意度。科技创新需求的征集需要以最大化覆盖区域科技创新为目标，对属于不同创新主体、不同创新领域和不同创新环节的多样科技创新需求，以区域科技创新服务平台内各子平台为单位，基于以下六种形式对其进行积极获取与全面收集。

（1）平台服务征集。区域科技创新服务平台可通过用户搜索科技资源频次、寻求服务需求类型、科技服务反馈等用户实际服务体验信息，征集与提取用户的现实需求，并对用户的潜在与未来需求进行分析与预测。

（2）门户网站征集。区域科技创新服务平台内各子平台可在门户网站中专项设置科技创新需求征集版块，并面向所有用户开放，再基于大数据处理技术，有效集聚整合用户多样科技创新需求，并依据需求类型的差异将其分类集成于科技需求库。

（3）智能客服征集。智能客服系统由人工客服、科技呼叫中心、智能机器人和移动APP助手构成，区域科技创新服务平台可利用智能客服系统，对提供服务的用户需求进行统计、归类与整理。

（4）实地调研征集。实地调研是真实掌握区域科技创新需求的重要途径之一，区域科技创新服务平台可通过不定期组织实地调研的方式，与调研单位进行现实的交流沟通，以即时、准确地掌握其多样复杂的科技创新需求。

（5）调查问卷征集。区域科技创新服务平台可通过定期向高校、科研院所以及不同产业领域各类科技企业等创新主体发放调查问卷的方式，主动收集用户科技创新需求信息，并将收集的信息按类进行归并集成。

（6）专家咨询征集。专家往往对区域科技创新发展具有一定的前瞻性研究，因此，区域科技创新服务平台可通过咨询专家对区域科技资源集聚、科技创新需求情况的长期跟踪与了解，掌握部分区域科技资源与服务的需求信息。

区域科技创新服务平台基于上述科技创新需求征集方式，可相对全面地对用户多样科技创新需求进行有效的收集与归类，平台在掌握科技创新需求的基础上，可进一步开展科技创新需求的识别与挖掘工作，并为平台的科技资源集成与服务方向提供一定科学依据，以及为平台生态化服务模式运行奠定基础。

4.2.2 需求识别与挖掘

4.2.2.1 需求识别

对区域复杂多样的科技创新需求进行有效识别，是区域科技创新服务平台实现生态化服务供给及模式运行的基本前提与重要环节。以时间维度划分，科技创新需求可分为现实需求、潜在需求和未来需求，通常现实需求也被称为显性需求，用户对于自身现实需求的表述相对清晰明确，能够通过平台直接搜寻相匹配科技资源或服务；而潜在需求和未来需求作为隐性需求，用户往往难以进行清晰表述且具有极高模糊性与不确定性，此时平台针对隐性需求就须通过引导与识别的方式，及时全面掌握用户需求，并针对需求提供服务，以通过用户需求的具体化与清晰化，降低平台感知用户需求偏差，提高平台服务质量与效率，并最大程度为用户提供满意化服务支持。因此，有效识别科技创新需求，对于平台生态化服务供给及服务模式运行至关重要。科技创新需求识别模型，如图 4-2 所示。

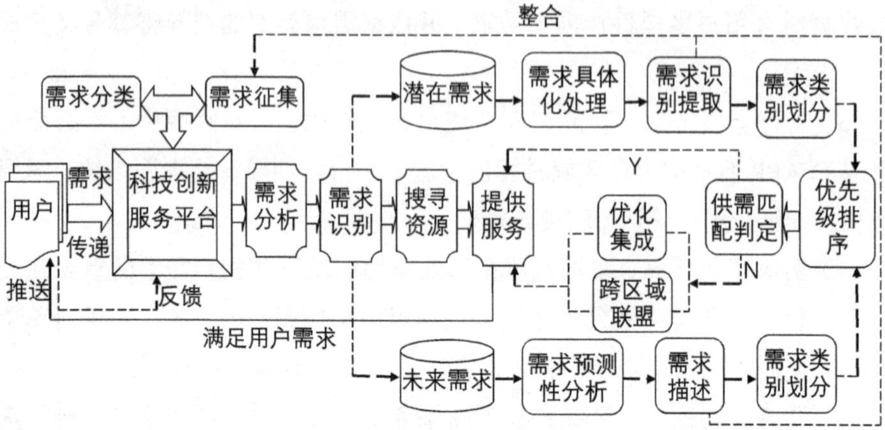

图 4-2　科技创新需求识别模型

在科技创新需求识别模型中，首先，区域科技创新服务平台须基于用户显性需求，通过需求分析与识别，检索科技资源库，寻求匹配资源或服务。其次，平台在识别用户显性需求的同时，基于用户购买习惯、所属领域及需求类型等方面，进一步识别用户的潜在和未来需求，并对于潜在需求，平台可通过对需求的具体化处理，将用户的潜在需求进行科学提取，而对于未来需求，平台须充分进行预测分析后，将未来需求进行清晰化描述。最后，针对用户潜在及未来的隐性需求，平台在经过一系列需求识别处理后，须先将需求按类进行划分，并按照需求的紧迫程度予以优先级排序，从而进行需求与资源间的匹配对接，如果平台在科技资源库中能直接搜寻相匹配资源，平台则须及时响应用户需求，为其推送服务，如果平台无法在科技资源库中搜寻相匹配资源，平台一方面可进一步优化集成区域内科技资源；另一方面可通过跨区域联盟合作的方式，吸收汇集外部资源，以满足用户需求，为其所需服务。区域科技创新服务平台对用户多样化的科技创新需求进行有效识别，不仅能基于对用户需求的充分了解，丰富需求端，还能基于不断识别用户隐性需求，持续为用户提供服务，增加用户粘性与平台利用率，并不断激发平台提供服务动力，提升平台服务能力。

4.2.2.2 需求挖掘

区域科技创新需求日益呈现多样化、复杂化及个性化等特征，积极引入先进的新兴信息技术，精准识别与深度挖掘科技创新需求，将科技创新需求进行细化，对于拓展区域科技创新服务平台服务范围与提升服务水平，促进平台服务向需求导向转变，实现平台生态化目标及顺利运行生态化服务模式等具有重要推动作用。科技创新需求挖掘的主要途径包括以下四种：

（1）区域科技创新服务平台可依据用户的行为特征与习惯，对用户注册信息、网页浏览记录、服务选择偏好、科技资源点击量、服务交易日志等海量痕迹数据，基于云存储、大数据等新一代信息技术，通过复杂化的统计分析与数据挖掘处理后，精准掌握隐含于用户信息中的规律性、模糊性与不确定性的潜在及未来科技创新需求，并基于对科技创新需求的挖掘，定期为用户推送其可能感兴趣的科技资源或服务，以有效服务支撑科技创新，提高平台利用率。

（2）区域科技创新服务平台可依据用户对服务的评价与反馈信息，深入探索与预测用户的延伸性需求。通常平台会依据用户的现实需求，尽可能提供满意化科技服务，而用户获取平台服务后，可基于实际服务体验向平台提交服务反馈信息，此时平台须进一步通过深度挖掘用户的服务反馈及评价结果，获取用户对平台服务及发展的改进意见或建议，进而有助于了解用户的科技资源需求重点及科技服务选择偏好。

（3）区域科技创新服务平台可通过智能化的全网监测，基于用户需求变化，迅速判断外部创新、技术等环境变化趋势，并积极预测与挖掘用户需求的演化方向，由于外部环境变化能直接影响用户开展科技创新活动的显性与隐性需求，因此，时刻关注环境变动，有利于平台时刻掌握用户日益复杂多变的科技创新需求。

（4）区域科技创新服务平台可通过详细划分服务领域及所集成的科技资源，捕捉新的服务范畴及新资源形成的用户隐性需求。新的服务领域、新科技资源的诞生与创造，必将激发用户对资源或服务的新需求，而挖掘新需求，将有利于全面掌握用户需求信息，科学整合科技资源与实现持续生态化服务供给。

区域科技创新服务平台基于大数据、人工智能、云存储等先进信息技术深度挖掘科技创新需求，一方面能促使用户充分了解自身科技创新活动开展所需的资源与服务，并在为用户创新提供服务支持的同时，增加用户粘性，扩大用户规模；另一方面有针对性地为用户推送服务，能提高用户使用平台的意愿，提高平台服务频次，推进平台生态化发展及服务模式运行。

4.2.3 需求整合与诱发

4.2.3.1 需求整合

科技创新需求是区域科技创新服务平台生态化发展与服务的原动力，因此，平台生态化服务供给须最大化满足区域科技创新需求，同时实现区域科技资源的高效配置与充分利用，而适度整合区域科技创新需求，将分散、多样且不规则的需求通过分类整合，并基于聚类、相似度分析等大数据技术，将同类需求进行模块化封装，关联需求进行水平一体化或垂直一体化封装，可在一定程度上提高用户满意度，提升科技资源利用率，降低平台服务成本，提高平台服务效率以及推进精细服务模式、智能服务模式与智慧服务模式的运行。

（1）模块化整合。模块化整合主要针对同类科技创新需求，即区域科技创新服务平台基于需求分类、识别与挖掘后，将区域内具有同类属性特征的科技创新需求，按照标准化的编码结构进行模块化处理后，基于统一的 Web 视图编制与纵览，再进行共性化科技服务匹配的一种整合科技创新需求的方式。区域科技创新服务平台生态化服务模式的运行，需要其内部各子平台不断征集其所属范围内的科技创新需求，并在持续补充与完善科技需求库的同时，基于对需求的有效识别与挖掘，甄选出具有同类特征的科技创新需求，并依据需求特性将需求分为若干模块，且针对每一需求模块，匹配相应标准化的科技资源或服务。模块化整合同类科技创新需求，有助于平台通过对科技创新需求的进一步管理，简化科技服务匹配流程，降低反复搜寻科技资源的成本，提升平台服务效率。

（2）水平化整合。水平化整合主要针对关联性科技创新需求，即区域科技创新服务平台基于创新链中某一特定环节的多种具有关联性特征的科技创新需求进行整合的方式。区域科技创新服务平台生态化服务供给的实现，需要平台能基于先进的新兴信息技术，即时响应用户需求，并为其推送满意化的科技服务，而水平化整合科技创新需求，需要区域科技创新服务平台内各子平台统一针对创新链中成果研发、小试、中试、产品化和产业化阶段分别涉及的关联性科技创新需求，按照统一的整合标准，进行水平一体化封装处理，以预先基于各创新阶段的需求提供相匹配的科技资源及服务支持，从而极大提升平台响应用户需求速率，实现平台生态化服务供给。

（3）垂直化整合。垂直化整合主要也是针对关联性科技创新需求，但与水平化整合方式不同的是，垂直化整合是一种区域科技创新服务平台集成整合科技创新链中多个环节的某一类科技创新需求的方式。例如，在创新链中，每一个科技创新活动开展节点，都需要有科技人才和资金投入的支持，因此，区域科技创新服务平台为高速响应用户关于这两类资源的需求，需要通过垂直一体化整合需求方式，基于需求差异，设计科技人才和科技金融服务模块，以针对用户需求，迅速进行反应，并为其提供所需科技服务。

基于上述三种科技创新需求整合方式，既能为区域科技创新服务平台生态化服务模式的运行提供保障，又能为平台服务能力的增强及服务响应速率的提升起到重要支撑作用，并基于需求侧不断刺激科技创新需求，引导科技创新需求集聚。

4.2.3.2 需求诱发

区域科技创新服务平台生态化发展及服务模式运行需要积极从“供给型导向”服务向“需求型导向”服务转变，并基于科技创新需求的分类、识别与整合，不断对需求进行深层次诱发，从根本上引导、创造科技创新需求，从而在推进区域科技创新发展的同时，加快平台生态化发展进程。科技创新需求诱发的主要方式如下：

（1）基于平台服务的需求诱发。区域科技创新服务平台通过发现需求、征集需求、识别需求与挖掘需求，为用户的现实、潜在及未来需求提供相应的科技服务匹配支持，而平台基于对用户潜在需求的挖掘和未来需求的预测，不仅在一定程度上诱发了用户产生新的科技创新需求，还在引领科技创新需求的基础上激发了用户开展科技创新活动的积极性。

（2）基于创新激励的需求诱发。为鼓励区域科技创新活动开展，政府通常会制定一些创新激励政策，并通过自身职能向创新服务转变，推动产学研间合作。例如，创新券就是一种政府激励科技创新的新型政策工具，在激励科技创新和撬动科研资金投入等方面发挥着重要作用。依托区域科技创新服务平台推行创新券，促使创新主体使用创新券购买平台服务，不仅可基于创新券的循环使用，持续激发用户的潜在需求，提高平台服务绩效，还能不断活化区域闲置科技资源，从而在激励科技创新的同时，推动区域科技创新服务平台可持续发展与服务。

（3）基于创新链联动的需求诱发。区域科技创新服务平台基于创新链水平及垂直一体化整合科技创新需求，可针对创新链各环节的具体需求，制定标准化的科技服务。当用户向平台提出某一创新链环节特定需求申请时，平台在即时向其推送所需服务的同时，可智能化甄别用户所处创新阶段，并为其推送下一创新阶段所需资源或服务参考，以诱发用户未来科技创新需求。

（4）基于网络化协同的需求诱发。区域科技创新服务平台作为一种网络化平台服务体系，其体系内各子平台都将征集的科技创新需求集成于科技需求库，而在大数据、物联网等环境下，科技需求库之间的链接互通，将促使各平台基于网络化协同，掌握其他平台集聚科技创新需求属性，且启发平台集成科技创新需求方向，进而促使各平台不断诱发新的科技创新需求，以作为自身征集科技创新需求的补充与依据。

适时诱发科技创新需求，在需要区域各级政府充分发挥引领创新作用的基础上，区域科技创新服务平台加强自身科技创新需求的引导与识别能力，并为科技创新需求提供具有前瞻性和适用性的科技服务与资源支持。

4.3 区域科技创新服务平台生态化的供给侧优化机制

4.3.1 资源集聚与优化配置

4.3.1.1 资源集聚

科技资源是科技创新活动有效开展的重要基础与保障，区域科技创新服务平台在对科技创新需求进行识别、整合与深层次诱发的基础上，可采用多种方式对多方向、多种类科技资源进行全面汇集，为平台生态化发展与服务模式运行提供资源保障与支持。区域科技创新服务平台集聚科技资源的流程，如图 4-3 所示。

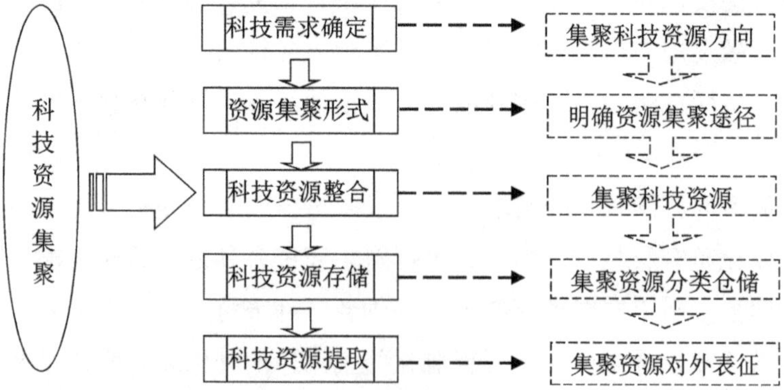

图 4-3　科技资源集聚流程

首先，区域科技创新服务平台要详细掌握科技创新需求，为科技资源集聚提供方向与依据；其次，要确定科技资源集聚形式，不同类型科技资源适用不同的集聚方式，而基于科技资源具备分散、易逝和高增值性特征，为高效集成与利用科技资源，区域科技创新服务平台需针对资源所属领域及主体，选择科学的资源集聚形式；再次，平台集聚科技资源后，需将资源进行有效整合与适当存储；最后，基于科技创新需求，通过科技资源提取，对外提供科技服务供给，并实现科技资源价值。

在设计规范化科技资源集聚流程的基础上，提出科学化的区域科技创新服务平台集聚科技资源形式，具体包括如下几种：

（1）基于主体的资源集聚。科技创新活动开展涉及“政产学研金介”等多种创新相关主体，而不同主体拥有的优势科技资源通常具有异质性特征。如政府拥有雄厚的科研经费，同时作为各项政策的颁布者，掌握着丰富且全面的政策信息且指引着区域科技创新的发展方向；高校具有科技人才、仪器设备、重点实验室等科技资源，能为企业创新提供技术、培训、检测、咨询、合作研发及联合攻关等服务；科研院所的科技资源相较于高校更具有专业性特质，也更侧重于科技成果工程化阶段；企业对市场的动态变化具有较高的敏锐洞察力，能对市场需求信息进行精准掌控，因而其拥有的研发人才及对外提供的技术检测服务等更贴近于市场；金融机构主要基于创新主体对科技资金的需求，为其提供有效的资金支持；中介机构拥有多样化创新服务功能，能为科技创新提供营销方案设计、产品概念征集、技术标准化制定等多元服务。因此，平台集聚科技资源可根据资源供给主体的类型差异，汇聚不同特征与属性的多样资源。

（2）基于类型的资源集聚。科技资源包括人力、物力、资金、技术和信息等多种类型，区域科技创新服务平台作为一种平台网络，其内部各子平台不能单一性集聚科技资源，应为区域科技创新提供全方位科技服务支持，并集聚多种类科技资源。在人力资源方面，科技创新活动开展需要平台有针对性地集聚科技人才、各技术领域专家和科研团队，为科技创新提供专业咨询、技术研发等服务；在物力资源方面，例如对大型仪器设备的集聚，可通过其开放共享，在为企业创新提供仪器设备检测服务的同时，避免仪器设备重复购置造成的资源浪费；资金是科技创新的基本保障，平台应有效汇集区域各类投融资机构，为科技创新活动开展提供必要性的科技资金支持。技术资源一般包含知识资源及技术成果资源与技术问题解决方法等，平台可通过链接科技文献库、科技图书馆及联盟科技园、孵化器等机构获取与集聚技术资源；信息资源集聚应重点关注资源的时效性，平台可具体通过构建信息动态更新版块，有效集聚各产业领域有关政策、技术、市场等的时效信息数据，及时为科技创新提供最新的信息供给服务支持。

（3）基于区域的资源集聚。为了全方位服务区域科技创新提供丰富有效的科技资源，区域科技创新服务平台不仅需要对所在区域科技资源进行高效集成，还需要跨区域适当集成高质量优势科技资源。科技资源具有明显的区域特色，不同区域科技资源丰富程度、利用效率、所处产业领域属性等均存在差异，平台应基于科技创新需求，对闲置科技资源进行有效利用。跨区域集聚科技资源一方面能够依托区域间科技资源交互，不断丰富科技资源集聚的数量与种类，使各区域间集聚的科技资源能形成一种互补效应；另一方面基于不同区域科技资源特色，平台能为区域科技创新提供不同层次科技资源与服务，并在不断提升自身服务质量与能力的同时，逐步形成覆盖各区域全产业领域的科技资源共享协同网络。

（4）基于网络的资源集聚。区域科技创新服务平台也可通过网络化汇集整合科技资源，即基于平台网络结构属性，针对科技创新需求，通过各子平台集聚不同类型的多样科技资源，实现整个区域科技创新服务平台网络科技资源开放共享的发展格局。网络化集聚科技资源，能较为全面地针对不同科技创新环节及各重点产业领域所属特色科技资源进行有效集成，并通过不同服务版块设计，向区域各领域不同创新主体的不同科技创新需求提供全方位且专业化的科技服务。基于网络的科技资源集聚不仅有助于调动整个区域科技创新服务平台网络内各平台节点汇集科技资源动力，还有利于通过多方向网络化资源整合，为科技创新提供一站式服务支持。

4.3.1.2 资源优化配置

科技资源优化配置是实现区域科技创新服务平台生态化发展与服务的关键，面向区域科技创新需求量的日益增加，合理配置有限的科技资源，能在显著提升科技资源利用效率的同时，为实现服务供需有效平衡匹配提供基础保障，并及时有效支撑区域科技创新活动开展。科技资源优化配置实质上是利用最少的资源耗费，创造出最大化的资源效益。Adabi 等（2013）指出优化配置科技资源，能促使创新主体获得新的科技资源，进而推动创新[161]。Amiri 等（2014）认为科技资源优化配置，需要政府的监督与指导[162]。而区域科技创新服务平台作为一个庞大的科技资源聚集体，围绕对区域内外闲置且分散的科技资源进行科学集聚后，需要进一步对汇集的科技资源进行优化配置。

区域科技创新服务平台优化配置科技资源，需要基于协同配置思想，使得科技资源能够在不同子平台中均实现最佳配置。协同配置思想需要平台整体处于生态化协同的发展状态，并通过不同类型科技资源在不同平台节点及不同创新主体之间的高速流动、开放共享与协同服务创新等资源交互方式，逐渐依托区域科技创新服务平台形成一体化科技资源高效配置体系。区域科技创新服务平台优化配置科技资源是在多目标与多约束条件下，依据不同科技创新需求，科学合理配置科技资源，以对外提供有效的持续服务，如图 4-4 所示。

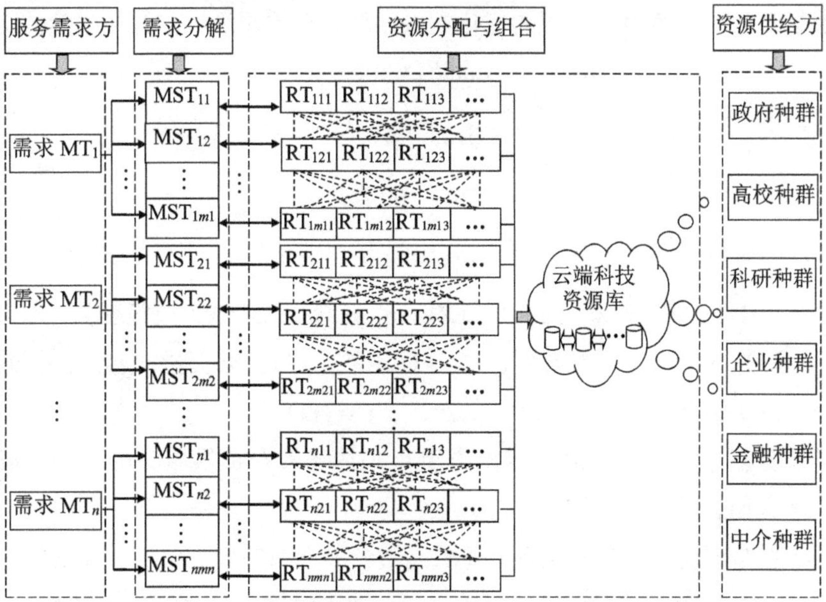

图 4-4 科技资源优化配置模型

区域科技创新服务平台优化配置科技资源，首先，需要将复杂、模糊的科技创新需求（MT），进行需求任务分解，依托需求识别与挖掘，将需求按照一定规则分解至能进行资源供给的子需求层级（MST）；其次，通常平台提供服务的方式分为静态服务供给和动态服务供给两种，静态服务供给即为平台针对用户需求，直接提供单点响应式的资源供给服务，而面向需求的日益复杂及平台生态化的不断发展，平台服务方式多转变为动态服务供给型，即依托需求驱动，跨平台通过资源调动、共享与集成提供动态服务。动态服务供给需要区域科技创新服务平台内各子平台从不同产业领域、不同创新主体处汇集丰富、多样科技资源，再依托科技资源库之间的相互链接，共同将资源集聚于云端，当用户向平台提出需求申请时，平台须自动在云端科技资源库中检索相匹配资源（RT）并进行合理组合，为用户提供有效科技服务支持。

基于上述分析，进一步通过建立数学模型，清晰描述区域科技创新服务平台优化配置科技资源过程。鉴于资源优化配置是为满足科技创新需求，不断优化选择科技资源的过程，可表述为多目标优化问题。而优化配置资源将涉及服务需求方、各平台及资源供给方的多主体利益，因此选用双层规划模型[163]，即考虑服务需求方对平台服务的满意度以及平台间协同服务能力，将服务需求方作为资源优化配置的上层决策者，区域科技创新服务平台作为下层决策者，利用双层规划思想探索科技资源的优化配置问题，双层规划模型数学表达式为：

$$\begin{aligned} &(M) && \min_x F(x,y), \\ &s.t. && G(x,y) \leqslant 0; \\ &(N) && \min_y f(x,y), \\ &s.t. && g(x,y) \leqslant 0. \end{aligned} \tag{4-1}$$

公式（4–1）中，（M）为上层规划，F为目标函数，x为决策变量，G为变量x的约束条件；（N）为下层规划，f为目标函数，y为决策变量，g为变量y的约束条件，此外决策变量y是决策变量x的函数，$y = y(x)$。

从服务需求方考量，服务需求方重点关注于平台提供服务的时间、成本和质量三个方面，具体分析如下：

（1）服务时间T包括平台提供资源或服务的运行时间T_s和用户等待平台服务的时间T_r。其中，$T_r = \sum_{i=0}^{n-1} T_s(i)$，$n$为用户提出需求申请时等待服务的需求数量。

（2）服务成本 C 包括平台间提供服务时资源提取与组合的成本C_f和跨平台间科技资源库链接的成本C_h。

（3）服务质量 Q 可用平台针对每一科技创新需求提供匹配服务的服务质量Q_v表示，即为平台服务供给的好评率。

服务需求方作为科技资源优化配置的上层决策者，其对平台服务满意度指标优化的目标函数为：

（1）总时间最小：

$$\min T = T_s + T_r = \sum_{i=1}^{n} T_s(i) + \sum_{i=1}^{n} T_r(i) \tag{4-2}$$

（2）总成本最小：

$$\min C = C_f + C_h = \sum_{i=1}^{n} C_f(i) + \sum_{i=1}^{n} C_h(i) \tag{4-3}$$

（3）总质量最优：

$$\min Q = 1 - Q_v = 1 - \sum_{i=1}^{n} Q_v(i) / n \tag{4-4}$$

依据服务需求方的需求倾向，采用线性加权法将多目标优化问题转变为单目标问题，再基于服务需求方的不同需求对目标函数中时间、成本和质量指标的衡量，赋予权重如下：

$$\min Z = W_T \frac{T}{T_{\max}} + W_C \frac{C}{C_{\max}} + W_Q \frac{Q}{Q_{\max}} \tag{4-5}$$

其中，时间、成本和质量的权重系数分别为 W_T、W_C 和 W_Q，此外 $W_T + W_C + W_Q = 1$，$T_{\max}$、$C_{\max}$和$Q_{\max}$分别表示为服务需求方要求平台提供资源或服务的最长时间、最大成本及最高质量。

约束条件具体为：

$$\begin{cases} T \leqslant T_{\max} \\ C \leqslant C_{\max} \\ Q_v(i) \geqslant Q_{\min} \end{cases} \tag{4-6}$$

从区域科技创新服务平台内各子平台间协同服务能力考量，可包括平台对科技创新需求变化的应对能力、对科技资源的集聚能力及服务需求方对平台服务的评价情况三个方面。

（1）科技创新需求变化应变能力F_p。包含区域科技创新服务平台内各子平台加盟服务机构数量F_c、各子平台服务功能丰富性F_x和集聚资源多样性F_k。

（2）科技资源集聚能力F_e。包括区域科技创新服务平台集聚资源覆盖面F_m、平台提供同质资源数量F_t和平台加盟创新主体数量F_u。

（3）服务评价F_o。即服务需求方对平台服务水平和质量等方面的反馈与评价。

区域科技创新服务平台作为科技资源优化配置的下层决策者，其协同服务能力指标优化的目标函数为：

（1）平台对需求变化的应变能力最大：

$$\max F_p = W_c F_c + W_x F_x + W_k F_k = W_c \sum_{i=1}^{n} \frac{F_c(i)}{n} + W_x \sum_{i=1}^{n} \frac{F_x(i)}{n} + W_k \sum_{i=1}^{n} \frac{F_k(i)}{n} \quad (4\text{-}7)$$

式中，W_c、W_x和W_k分别为区域科技创新服务平台内各子平台加盟服务机构数量、各子平台服务功能丰富性和平台集聚资源多样性的权重系数，且$W_c + W_x + W_k = 1$。

（2）平台集聚资源能力最强：

$$\max F_e = W_m F_m + W_t F_t + W_u F_u = W_m \sum_{i=1}^{n} \frac{F_m(i)}{n} + W_t \sum_{i=1}^{n} \frac{F_t(i)}{n} + W_u \sum_{i=1}^{n} \frac{F_u(i)}{n} \quad (4\text{-}8)$$

式中，W_m、W_t和W_u分别为平台集聚资源覆盖面、平台提供同质资源数量和平台加盟创新主体数量的权重系数，且$W_m + W_t + W_u = 1$。

（3）服务评价等级最高：

$$\max F_o = \sum_{i=1}^{n} \frac{F_o(i)}{n} \quad (4\text{-}9)$$

综上，区域科技创新服务平台内各子平台间协同服务能力优化的约束条件如下：

$$\begin{cases} F_c(i) \geqslant F_{c\min} \\ F_x(i) \geqslant F_{x\min} \\ F_k(i) \geqslant F_{k\min} \\ F_m(i) \geqslant F_{m\min} \\ F_t(i) \geqslant F_{t\min} \\ F_u(i) \geqslant F_{u\min} \\ F_o(i) \geqslant F_{o\min} \end{cases} \quad (4\text{-}10)$$

结合服务需求方对平台服务的满意度以及区域科技创新服务平台内各子平台间协同服务能力的优化，构建区域科技创新服务平台优化配置科技资源的双层规划模型，具体表述为：

$$(M)\qquad \min Z = W_T \frac{T}{T_{\max}} + W_C \frac{C}{C_{\max}} + W_Q \frac{Q}{Q_{\max}}$$

$$s.t.\qquad \begin{cases} T \leqslant T_{\max} \\ C \leqslant C_{\max} \\ Q_v(i) \geqslant Q_{\min} \end{cases}$$

$$(N)\qquad \max F = (F_p, F_e, F_o)^T \tag{4-11}$$

$$s.t.\qquad \begin{cases} F_c(i) \geqslant F_{c\min} \\ F_x(i) \geqslant F_{x\min} \\ F_k(i) \geqslant F_{k\min} \\ F_m(i) \geqslant F_{m\min} \\ F_t(i) \geqslant F_{t\min} \\ F_u(i) \geqslant F_{u\min} \\ F_o(i) \geqslant F_{o\min} \end{cases}$$

区域科技创新服务平台优化配置科技资源双层规划模型，是将科技创新需求作为上层优化目标，平台间协同服务能力作为下层优化目标，通过上层规划将约束条件传导给下层规划，下层规划再依据约束优化自身目标后，将最优方案提交给上层规划，上层规划基于下层规划进行深入优化，进而解出模型最优解。基于双层规划复杂性，引入经改进后的进化多目标优化算法（NSGA-Ⅱ）进行求解，具体步骤如下：

（1）编码科技资源。依据上下层规划的约束条件确定算法的搜索空间，再将针对科技需求，由区域科技创新服务平台搜索得出的科技资源进行数据编码，并制定独特的数据基因。

（2）初始化种群及排序。随机生成总量为N的初始资源种群P_n（令$n=0$），并将种群基于分级进行快速的非支配排序，再测算种群中个体的拥挤距离，即适应度。

（3）交叉、变异与合并。从初始种群中挑选个体采用交叉算子进行变异操作，生成子代种群，再将子代种群与P_n合并，得到总量为$2N$的组合种群。

（4）精英保留机制。对组合种群进行快速非支配排序，再测算个体拥挤距离后，基于精英保留机制，挑选出表现为优的个体，再组建新的种群P_{n+1}。

（5）下层规划求解。令$n=n+1$，重复步骤3和4，以满足最大遗传代数为终止指令，得出区域科技创新服务平台优化配置资源的下层目标函数Pareto解集。

（6）双层规划求解。将下层规划函数解集作为上层函数可行解集，并对每一解的目标函数进行优先级排序，排名最先的即为区域科技创新服务平台优化配置科技资源双层规划模型的最优解。

4.3.2 资源共享与动态调整

4.3.2.1 资源共享

区域科技创新服务平台是集成区域内共享平台和技术平台的复杂系统，而共享平台和技术平台集聚整合资源的丰富程度、规模、数量、水平和功能特色等方面存在一定差异，因此，为了有效满足区域科技创新与战略性新兴产业发展的复杂需求，实现区域内外多样科技资源优化配置及在平台服务网络中的高效运转，须依托区域科技创新服务平台内各子平台间合作与跨区域平台联盟，开放共享科技资源，推进平台生态化服务供给及模式运行。

（1）子平台合作资源共享。面向区域日益复杂以及个性化的科技创新需求，区域科技创新服务平台内各子平台须基于互联网+、大数据、云计算等新一代信息技术，依托平台之间科技资源库的互联互通与共享共用，为区域科技创新及战略性新兴产业发展提供多平台科技资源协同匹配的满意化科技服务供给。区域科技创新服务平台生态化发展与服务需要尽可能避免集成资源冗余，通过科技资源优化配置，实现科技资源高效利用。因此，区域科技创新服务平台内各子平台首先需要将汇集的多样科技资源进行科学标准化分类；其次，将资源以编码形式实施可视化处理；再次，依据科技创新需求的属性特征，统一标准化模块封装平台资源，并将其存储于科技资源库；最后，基于各平台间门户网站的相互链接，面向科技创新需求，依托平台间联盟合作与科技资源库开放共享，为区域科技创新提供跨平台科技资源协同供给的科技服务支持。

（2）跨区域平台联盟资源共享。区域科技创新服务平台不仅需要汇集区域内共享平台和技术平台资源，还需要整合国家科技基础条件平台及其他区域平台优势科技资源，为区域科技创新活动开展过程中技术攻关、高端研发、精密仪器设备检测等复杂科技创新需求提供更加全面有效的科技资源支撑。区域科技创新服务平台发展以国家科技基础条件平台为战略指导，其体系内核心节点共享平台需与国家科技基础条件平台保持高度协同，并通过与其联盟，获取其丰富基础资源与专业技术资源；此外，区域科技创新服务平台还需积极与其他区域平台建立跨区域合作关系，以相邻地理位置为划分，联合构筑面向特定产业发展与跨区域创新服务需求的科技资源共享服务网络，提供专家团队跨地区合作咨询、仪器设备远程租赁与在线查询等创新服务，并基于可持续发展视角，统筹规划平台联盟布局，不断优化科技资源共享体系，推动我国各区域科技资源整合共享与高效利用。

4.3.2.2 资源动态调整

为了科学判定区域科技创新服务平台集聚科技资源的利用情况，可引入智能传感技术，实时监测科技资源使用状态，并动态调整科技资源配置与集聚方式，为平台生态化服务模式运行提供保障。科技资源动态调整的方式如下：一是平台可按照科技资源使用信息，确定短缺资源、冗余资源与优势资源，并根据资源使用频次，确定资源调整策略，即对于短缺资源，可通过制订合理集聚方案，引导或激励创新主体研发与供给该类资源；对于冗余资源，可适时减缓其集成力度，以控制资源集成总量；对于优势资源，可加快补充，并提高其在搜索结果中的排名并主动激发用户使用其积极性，以充分提高优势资源利用率。二是可通过全网监控平台集聚科技资源的种类丰富程度、数量增长与质量提升等情况，综合把控与动态调整平台集聚资源所属区域分布、所属主体领域划分等，以实现资源整合集成及布局的科学性与合理性。三是可及时依据政策、产业领域发展重点等战略变化，有针对性地调整科技资源集聚状态，同时采用实地调研、调查问卷等方式，掌握企业、高校等创新主体的科技创新需求与资源拥有情况，并动态调整资源集成策略。四是可定期基于对平台汇集资源质量、规模、利用效果、加盟主体数量、用户满意度等方面评价，科学判定科技资源动态调整方向。

4.3.3 资源融合与创造

4.3.3.1 资源融合

在深入实施创新驱动发展战略情景下，产业融合已成为推动经济一体化、促进产业结构升级及技术创新的必然发展趋势和新的发展方向。面向产业融合发展的实际需要，区域科技创新服务平台随着集聚科技资源规模的不断扩大，有必要围绕新兴信息与网络技术手段，将科技资源进行有机融合，以更好地满足产业发展新需求，为其提供精细化、智能化及智慧化的科技服务。区域科技创新服务平台作为汇集区域内共享平台与各重点产业领域技术平台的不同主体、不同产业等多样科技资源的综合性服务网络，基于产业融合发展需求，区域科技创新服务平台一要积极建立有效的协调机制，以共享平台为核心，统筹协调与规划指引各平台间科技资源的融合供给；二要积极引入新兴信息技术，围绕各平台基于协同合作的科技资源开放共享，依托物联网、人工智能等先进技术，打破资源固有边界，促进科技资源的深度融合；三要运用大数据、云计算等技术手段，统计分析科技资源融合搭配使用频次，构建相对灵活的“资源集聚包”，并赋予资源特征描述，在面向产业融合中合作研发、技术创新、人才融合等共性需求时，为其直接推送系统性的资源融合服务方案；四要针对产业融合中个性化服务需求，建设特色服务模块，并通过集成各产业领域资深专家，提供融合多方智慧与资源的高端协同服务。科技资源融合是加速推动产业融合的基础与保障，因此，面向未来经济发展新趋势，区域科技创新服务平台应紧密围绕产业融合发展需求，基于科技资源优化配置与共享，联动融合区域内外多样科技资源。

4.3.3.2 资源创造

科技资源具有在使用过程中实现增值的特性，科技资源创造以高效使用科技资源为基础，主要针对知识型资源，即专利、信息、技术、智力等资源，随着科技创新需求的日益复杂，传统产业升级与战略性新兴产业创新发展的迫切需要，区域科技创新服务平台需基于科技资源存量的不断丰富，平台服务广度与深度的不断拓展，围绕科技资源共享与融合，面向科技创新需求，创造新的科技资源。科技资源创造实质上是对平台网络中各类科技资源进行模块化分解、重新组合、重新配置，进而实现资源变异产生新资源、创造新价值的过程，是区域科技创新服务平台生态化发展与智能化、智慧化服务的根本体现。资源创造机制的实现需要区域科技创新服务平台依托内部网络结构关系，通过引导、聚集与强化科技人才和专家团队等资源与服务功能，基于合作研发、联合技术攻关等科技创新需求，围绕平台之间知识资源的积累与交融，创造衍生出新的科技资源，并将新资源适当依托需求以平台为载体进行广泛推行，以促使资源价值得到不断提升，平台服务能力随之增强，从而形成良性的科技资源创造、资源服务增值与平台服务能力升级的生态循环。

4.4　区域科技创新服务平台生态化的服务平衡机制

4.4.1 供需平衡机制

面向区域复杂科技创新需求及战略性新兴产业发展的实际需要，区域科技创新服务平台生态化发展及模式运行应基于有效集成区域丰富科技资源，提供满足供需双边平衡匹配的科技服务支持。双边匹配理论最早由美国学者 Roth 于 1985 年提出[164]，他认为双边匹配决策的制定要尽可能地满足双边主体需求。因此，在区域科技创新服务平台提供供需匹配服务的过程中，须充分依托资源供给方的资源供给信息与服务需要方的具体需求，以最大化实现供需双方满意度为基准，制定科技服务供给与科技创新需求最佳平衡匹配的决策方案。现假设区域科技创新服务平台的服务需求方集合为$T=\{T_1,T_2,\cdots,T_m\}$，服务需求方对平台提供的资源或服务的评价指标集合为$P=\{P_1,P_2,\cdots P_g\}$，$w=\{w_1,w_2,\cdots,w_g\}^T$为评价指标$P$的权重向量且$0\leqslant w_s\leqslant 1,\sum_{s=1}^{g}w_s=1$。区域科技创新服务平台集聚的资源供给方集合为$R=\{R_1,R_2,\cdots,R_n\}$，资源供给方对平台传递的科技需求进行评价的指标集合为$Q=\{Q_1,Q_2,\cdots,Q_z\}$，$v=\{v_1,v_2,\cdots,v_z\}^T$为评价指标$Q$的权重向量且$0\leqslant v_x\leqslant 1,\sum_{x=1}^{z}v_x=1$。

区域科技创新服务平台生态化服务需要科技资源供给与服务需求实现适度的平衡匹配，当资源供给＞服务需求时，平台用户满意度相对较高，但会存在一定程度的资源闲置，当资源供给＜服务需求时，平台用户满意度相对较低，影响平台实现生态化演进。鉴于服务供需双方对于服务满意度存在不同的感知划分，因此在设计供需平衡匹配模型时，需要先将供需双方满意度的评价指标值进行规范化处理，并依托测算各主体评价值和理想评价值间的距离，统一界定满意度。假设服务需求方的评价指标集P中指标分为三种类型，$P_1,\cdots,P_{g_1}$为多粒度语言形式的评价指标；$P_{g_1+1},\cdots,P_{g_2}$为区间数形式的评价指标；$P_{g_2+1},\cdots,P_g$为精确数形式的评价指标，通常多粒度语言形式用来描述定性指标，区间数和精确数用来描述定量指标。

（1）基于多粒度语言形式的评价指标转化。设服务需求方对资源供给方关于评价指标P_g的语言评价信息矩阵为$\tilde{A}^s=(\tilde{a}_{suk})_{m\times n}$, $\tilde{a}_{suk}\in F$，其中$F=\{F_0,F_1,\cdots,F_d,\cdots F_L\}$为有序语言评价信息集合，$L$通常取偶数，$L+1$为$F$的粒度。采用将多粒度语言变量转变为三角模糊数的形式进行规范化处理，如公式（4-12），将$\tilde{a}_{suk}$转化为$\tilde{a}^*_{suk}=(a^{*i}_{suk},\ a^{*c}_{suk},\ a^{*e}_{suk})$，从而$\tilde{A}^s$可转变为$\tilde{A}^{s*}=(\tilde{a}^*_{suk})_{m\times n}$。

$$(a^{*i}_{suk},\ a^{*c}_{suk},\ a^{*e}_{suk})=(\max\{\frac{d-1}{L},0\},\frac{d}{L},\min\{\frac{d+1}{L},1\}) \quad (4\text{-}12)$$

（2）基于区间数形式的评价指标转化。设服务需求方对资源供给方关于评价指标P_g的区间数评价信息矩阵为$\bar{A}^s=(\bar{a}_{suk})_{m\times n}$, $\bar{a}_{suk}=[a^i_{suk},a^e_{suk}]$，利用公式（4-13）和（4-14）将区间数评价指标进行规范化处理，即变为$\bar{A}^{s*}=(\bar{a}^*_{suk})_{m\times n}$，$\bar{a}^*_{suk}=[a^{*i}_{suk},a^{*e}_{suk}]$。如评价指标为效益类指标时：

$$a^{*i}_{suk}=\frac{a^i_{suk}}{\max\limits_{\forall u,k}\{a^e_{suk}\}},a^{*e}_{suk}=\frac{a^e_{suk}}{\max\limits_{\forall u,k}\{a^e_{suk}\}} \quad (4\text{-}13)$$

如评价指标为成本类指标时：

$$a^{*i}_{suk}=\frac{\min\limits_{\forall u,k}\{a^i_{suk}\}}{a^e_{suk}},a^{*e}_{suk}=\frac{\min\limits_{\forall u,k}\{a^i_{suk}\}}{a^i_{suk}} \quad (4\text{-}14)$$

（3）基于精确数形式的评价指标转化。设服务需求方对资源供给方关于评价指标P_g的精确数评价信息矩阵为$\hat{A}^s=(\hat{a}_{suk})_{m\times n}$，利用公式（4-15）和（4-16）将精确数评价指标进行规范化处理，即变为$\hat{A}^{s*}=(\hat{a}^*_{suk})_{m\times n}$。如评价指标为效益类指标时：

$$\hat{a}^*_{suk}=\frac{\hat{a}_{suk}}{\max\limits_{\forall u,k}\{\hat{a}_{suk}\}} \quad (4\text{-}15)$$

如评价指标为成本类指标时：

$$\hat{a}_{suk}^{*} = \frac{\min\limits_{\forall u,k}\{\hat{a}_{suk}\}}{\hat{a}_{suk}} \tag{4-16}$$

（4）计算理想评价值。理想评价值分为正负两种，即为P_s^+和P_s^-，如下公式可依次计算出多粒度语言、区间数及精确数评价信息相对应的正负理想评价值。

$$\begin{cases} P_s^+ = (P_s^{i+},\ P_s^{c+},\ P_s^{e+}) = (\max\limits_{\forall u,k}\{a_{suk}^{*i}\}, \max\limits_{\forall u,k}\{a_{suk}^{*c}\}, \max\limits_{\forall u,k}\{a_{suk}^{*e}\}) \\ P_s^- = (P_s^{i-},\ P_s^{c-},\ P_s^{e-}) = (\min\limits_{\forall u,k}\{a_{suk}^{*i}\}, \min\limits_{\forall u,k}\{a_{suk}^{*c}\}, \min\limits_{\forall u,k}\{a_{suk}^{*e}\}) \end{cases} \tag{4-17}$$

$$\begin{cases} P_s^+ = [P_s^{i+},\ P_s^{e+}] = [\max\limits_{\forall u,k}\{a_{suk}^{*i}\}, \max\limits_{\forall u,k}\{a_{suk}^{*e}\}] \\ P_s^- = [P_s^{i-},\ P_s^{e-}] = [\min\limits_{\forall u,k}\{a_{suk}^{*i}\}, \min\limits_{\forall u,k}\{a_{suk}^{*e}\}] \end{cases} \tag{4-18}$$

$$\begin{cases} P_s^+ = \max\limits_{\forall u,k}\{\hat{a}_{suk}^{*}\} \\ P_s^- = \min\limits_{\forall u,k}\{\hat{a}_{suk}^{*}\} \end{cases} \tag{4-19}$$

（5）计算各评价指标与理想评价值的距离，如下：

$$\begin{aligned} d_{p_{uk}}^{+} &= \sum_{s=1}^{g_1} d_p(\tilde{a}_{suk}^{*}, p_s^+) + \sum_{s=g_1+1}^{g_2} d_p(\bar{a}_{suk}^{*}, p_s^+) + \sum_{s=g_2+1}^{g} d_p(\hat{a}_{suk}^{*}, p_s^+) \\ &= \sum_{s=1}^{g_1}\sqrt{\frac{[w_s(a_{suk}^{*i} - p_s^{i+})]^2 + [w_s(a_{suk}^{*c} - p_s^{c+})]^2 + [w_s(a_{suk}^{*e} - p_s^{e+})]^2}{3}} \\ &+ \sum_{s=g_1+1}^{g_2}\sqrt{\frac{[w_s(a_{suk}^{*i+} - p_s^{i+})]^2 + [w_s(a_{suk}^{*e+} - p_s^{e+})]^2}{2}} + \sum_{s=g_2+1}^{g} w_s\,|\,a_{suk}^{*} - p_s^{+}\,| \end{aligned} \tag{4-20}$$

$$\begin{aligned} d_{p_{uk}}^{-} &= \sum_{s=1}^{g_1} d_p(\tilde{a}_{suk}^{*}, p_s^-) + \sum_{s=g_1+1}^{g_2} d_p(\bar{a}_{suk}^{*}, p_s^-) + \sum_{s=g_2+1}^{g} d_p(\hat{a}_{suk}^{*}, p_s^-) \\ &= \sum_{s=1}^{g_1}\sqrt{\frac{[w_s(a_{suk}^{*i} - p_s^{i-})]^2 + [w_s(a_{suk}^{*c} - p_s^{c-})]^2 + [w_s(a_{suk}^{*e} - p_s^{e-})]^2}{3}} \\ &+ \sum_{s=g_1+1}^{g_2}\sqrt{\frac{[w_s(a_{suk}^{*i-} - p_s^{i-})]^2 + [w_s(a_{suk}^{*e-} - p_s^{e-})]^2}{2}} + \sum_{s=g_2+1}^{g} w_s\,|\,a_{suk}^{*} - p_s^{-}\,| \end{aligned} \tag{4-21}$$

（6）测算满意度。先通过计算各服务需求方对资源供给方综合评价的相对贴近程度ϕ_{uk}，如公式（4-22）。再利用公式（4-23）对服务需求方关于平台推送的科技资源匹配服务的满意度进行测算。

$$\phi_{uk} = \frac{d_{p_{uk}}^{-}}{d_{p_{uk}}^{-} + d_{p_{uk}}^{+}} \tag{4-22}$$

$$\gamma_{uk} = \frac{\phi_{uk} - \min\{\phi_{uk}\}}{\max\{\phi_{uk}\} - \min\{\phi_{uk}\}} \tag{4-23}$$

同理，进一步测算资源供给方对服务需求方的满意程度β_{uk}。

基于供需双方满意度测算，考虑区域科技创新服务平台生态化服务供给需要满足多方需求，并不断实现供需之间的平衡匹配，因此，依托多目标优化构建区域科技创新服务平台生态化的供需平衡匹配模型，如公式（4-24）。

$$
\begin{aligned}
&\max X_1 = \sum_{u=1}^{m}\sum_{k=1}^{n}\gamma_{uk}x_{uk} \\
&\max X_2 = \sum_{u=1}^{m}\sum_{k=1}^{n}\beta_{uk}x_{uk} \\
&s.t. \quad \begin{cases} \sum_{k=1}^{n} x_{uk} \leqslant Y_u \\ \sum_{u=1}^{n} x_{uk} \leqslant D_k \end{cases} \\
&x_{uk} = 0\text{或}1
\end{aligned}
\tag{4-24}
$$

模型中x_{uk}为 0 或 1 的决策变量，当x_{uk}为 0 时表示服务匹配失败，即在科技创新服务平台资源库中搜索不出一项满足需求的科技资源；当x_{uk}为 1 时表示供需匹配成功，即有唯一或多项科技资源与用户需求相匹配。此外，公式（4-24）中的约束条件分别表示服务需求方最多能与Y_u个平台整合的科技资源实现匹配，以及资源供给方提供的资源最多能与D_k个服务需求方的科技需求相匹配。

随着区域科技创新服务平台生态化不断发展，平台集聚的科技资源将越为丰富，区域科技创新需求也将越发复杂，平台应不断提升自身服务能力，以面向多样服务需求方与资源供给方提供最优化的供需平衡匹配方案，并尽可能在实现有效提高供需双方满意度及区域科技资源利用率显著提升的双重生态化目标基础上，保证平台可持续服务供给。

4.4.2 联结平衡机制

基于区域科技创新服务平台属性特性，其生态化服务供给与模式运行既须实现其体系内共享平台与技术平台间的联结平衡，还须实现各子平台内部服务功能的联结平衡，通过平台间业务及服务任务的合理分配，不断强化平台间紧密合作关系，促进创新主体加盟，推动平台可持续发展与服务。

（1）基于网络结构的联结平衡。区域科技创新服务平台作为一种承载了区域内共享平台和各重点产业领域技术平台的平台网络，除了要与国家科技基础条件平台建立良好联系外，还需依托其内部网络结构关系促进联盟共享平台与技术平台间的相互平衡对接，为区域科技创新提供高质的协同服务支持。随着互联网+、云计算、大数据等新兴信息技术的迅速发展，区域科技创新服务平台须积极依托云网络环境，实现共享平台与技术平台间的纵横向平衡联结与服务业务的平衡匹配。即在纵向联结方面，通常省际共享平台联结着下属地市共享平台中心，而各共享平台外围会基于产业链与各重点产业领域技术平台建立沟通互动，此时基于项目支持计划或复杂性科技创新需求，依托各平台间科技资源共享与互补，将围绕项目或协同服务供给，实现区域科技创新服务平台内部纵向多层级子平台服务的有效平衡对接；在横向联结方面，以区域为划分，随着区域科技创新服务平台生态化不断发展及服务能力的不断升级，需要采用跨区域联盟发展模式，吸纳更为丰富的科技资源及汇集更多的平台盟友，并聚焦重点产业发展的实际需要，充分考虑地理特征，联盟具有相似产业发展期望的区域，通过签署联盟合作协议打造跨区域平台服务横向联结体系，以进一步拓展平台集聚资源能力与集成化服务范围。

（2）基于平台功能的联结平衡。区域科技创新服务平台内共享平台和技术平台为更好地服务区域战略性新兴产业及科技创新发展，须积极围绕日益复杂的科技创新需求，开展平台间服务功能的多维度平衡联结，以提供更为优质的科技服务支持。具体而言，区域科技创新服务平台依托对区域共性化、个性化科技创新需求的深入分析与挖掘，一是可通过协同整理区域内战略性新兴产业发展的关键科技创新需求与特征，专项围绕需求依托平台间联盟，有针对性地平衡集成各平台特色服务功能，为促进产业发展从研发到产业化等创新环节提供一站式便捷化的协同服务。二是面向不同创新主体的复杂科技创新需求，有针对性地对平台服务功能进行有效的平衡对接，例如，高校或科研院所等研发类创新主体，重点需要转化所研发的科技成果以及开放共享所购置的大型仪器设备，故面向该类创新主体需求，平台可协同对成果转化、技术转移、仪器设备等服务功能进行有效平衡集成与共享；而对于企业而言，平台可基于其共性需求，平衡联结各平台专家咨询、检验检测、科技金融等专项服务功能。三是鉴于平台网络中集聚了共享平台和覆盖各重点产业领域的多样技术平台，因此，可依托共享平台基于技术平台实现专业性服务功能的平衡联结，即利用各技术平台优势技术资源集聚，针对某一专业性创新需求进行平台间多功能的平衡集成，以协同为用户提供专业化的服务解决方案。由此，基于平台功能的联结平衡主要包括以上三种形式，并通过合理调度平台间服务功能及平衡分配平台服务任务等，加强平台间联盟合作紧密性，促进平台协同服务开展。

4.4.3 利益平衡机制

利益平衡机制是要有效平衡区域科技创新服务平台内各子平台及各子平台内资源供给主体与服务需求者之间的利益分配关系，围绕平台生态化服务供给，进一步确保各主体间利益分配的科学性与合理性，从而有效保障平台生态化服务模式顺利运行及推动平台的多主体集成与生态化发展进程。利益平衡机制需要基于系统性角度，将区域科技创新服务平台作为一个利益共同体，并有效协调其内部多主体间的利益关系，即在联盟平台及创新主体的整体与个体发展服务目标间寻求利益平衡点，推动平台间联盟合作与资源共享共用，促进多主体服务协同，因此，利益平衡机制是实现平台生态化服务供给必不可少的管理与协调手段。合理的利益平衡机制设立，既要明确具体的利益分配规则，又要有效防止利益分配矛盾的产生，因此，利益平衡机制具体包含以下两方面：

（1）联盟协议签署。从经济学角度来看，区域科技创新服务平台内各方主体都有各自的利益诉求，都将以实现利益最大化为目标决定是否开展联盟合作与服务协同，进而在一定程度上影响着平台的生态化发展进程与服务模式运行。因此，利益平衡机制围绕经济利益的驱动，需要平台基于服务协同与供需平衡匹配，使参与服务的各方主体能够实现资源、管理等投入要素与产出利益成果的相对平衡，达到互惠互利、多方共赢的发展状态。为实现这样的目标，区域科技创新服务平台内各子平台间与加盟的创新主体间均需围绕“平等自愿”的原则，为保障彼此资源共享与服务协同的利益获取，在实现联盟合作与资源共享前签署联盟合作协议，规定具体的合作形式及利益分配规则，以约束各主体间的服务协同行为与引导“公平合法”的利益关系形成，从而有效平衡多主体间利益与成本，尽量实现各主体对利益分配结果的满意与利益分配方式的认可。

（2）利益分配调整机制。在实际情况中，即使有联盟协议的制约，也难免会存在利益分配不均衡、权责不明确等问题的发生，因此，为防止联盟协议签署之外的利益矛盾产生，需进一步建立利益分配调整机制，更加有效地动态平衡区域科技创新服务平台内各主体间的利益分配关系。利益分配调整机制具体包含两种形式，一种是利益补偿机制，另一种是协商机制。其中，利益补偿机制是平台内存在利益分配不均衡情况时，尤其是面向平台间联盟合作，可通过年度服务评价与考核，基于项目或者资金补贴等方式，对服务效果突出的平台进行奖励，补贴平台因参与联盟及资源共享所付出的额外成本，具体补贴可主要由政府通过财政或者政策予以支持；协商机制是平台内如果存在权责不明确情况时，需要涉及的主体间不断进行协商讨论的方式，具体可按照合作双方对服务供给的贡献度进行利益分配调整，以保证各方主体利益分配的合理与公正。

综上，区域科技创新服务平台内各子平台及其加盟的创新主体围绕联盟合作与资源共享共用，须基于联盟协议的及时签署与利益分配的动态调整，实现相互间利益平衡，进而有效推动平台生态化服务模式的顺利运行。

4.4.4 控制反馈机制

控制反馈机制作为区域科技创新服务平台生态化服务平衡机制中的一项子机制，是一种具有宏观战略思想的综合调节管理机制，是基于需求侧引导机制与供给侧优化机制的实现与相互支撑协调，进一步围绕对服务平衡机制内供需平衡机制、联结平衡机制与利益平衡机制的有效控制与反馈，依据实际的服务平衡状态，及时调整服务供需匹配、平台间联结关系及利益分配方式的控制过程，其根本目的是要使区域科技创新服务平台整体上基于不断动态的平衡反馈，促进区域科技创新服务平台生态化演进与服务升级。具体而言，控制反馈机制是在需求侧引导机制、供给侧优化机制及供需平衡机制、联结平衡机制与利益平衡机制分别实现的基础上，通过评价区域科技创新服务平台生态化服务效果，明确掌握区域科技创新服务平台生态化发展的实际服务状态，从资源集成、服务供给、运行管理与合作支持等不同维度的反馈，寻求区域科技创新服务平台进一步发展与服务升级的可行方向与诉求，从而再次通过供需平衡机制、联结平衡机制与利益平衡机制的调节与控制，实现区域科技创新服务平台整体生态化发展的服务平衡。

4.5 区域科技创新服务平台生态化的服务进化机制

4.5.1 激励机制

区域科技创新服务平台是区域科技服务体系的一个重要组成部分，为实现平台服务能够随着区域科技创新发展而不断升级进化，并在保障平台生态化服务模式运行及推进平台可持续发展的同时，鼓励区域科技创新活动开展，促进科技资源开放共享，有效发挥平台服务支撑科技创新作用，提升区域科技创新水平与科技资源利用率，基于政府购买技术与服务的理念，引入“创新券”设计激励机制，即通过依托平台推行创新券的方式，一方面激励企业创新，降低企业研发成本，盘活科技资源，推动产学研合作；另一方面引导企业利用平台资源，提高平台使用效率，促进平台服务升级，实现对平台的激励及促进供需间的匹配对接。创新券是政府支持科技创新发展的一种新型工具，是基于政府财政资金促进企业向各类服务机构购买创新服务的“虚拟货币”。依托区域科技创新服务平台推行创新券，可实现双向激励企业创新以及平台发展与服务升级，其应用流程如图 4-5。

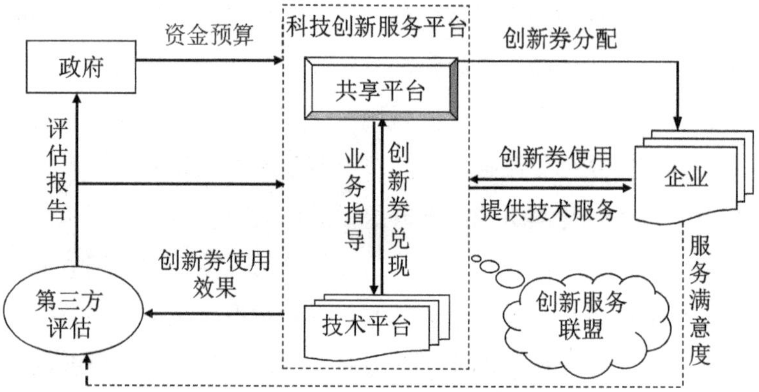

图 4-5　创新券应用流程

首先，我国各地方政府可为激励区域科技创新及区域科技创新服务平台发展，设立创新服务专项资金，并结合财政资金规模，区域创新驱动战略布局、科技创新服务在政府工作中的重要程度，明确创新服务专项资金投入计划及创新券计划投入资金额度。其次，区域科技创新服务平台中共享平台作为核心节点，可受政府委托将创新服务专项资金总额依据一定规则，通过电子创新券的方式，分配给不同类型企业如高新技术企业、科技型中小企业和科技型小微企业三种，而各企业可具体使用创新券购买区域科技创新服务平台提供的资源及服务，此外，共享平台还须同时负责创新券的兑现工作。最后，每年年末，政府可委托第三方评估机构，评估本年度的创新券使用情况，并给出评估报告，为下一年度创新券分配调整提供依据。

在设计依托区域科技创新服务平台推行创新券应用流程的基础上，进一步设计包含创新券分配机制、创新券奖励和衰减机制的区域科技创新服务平台生态化的服务进化激励机制。

4.5.1.1 分配机制

依托区域科技创新服务平台推行创新券激励企业创新及推进平台服务不断进化，需要考虑以下四点影响因素：

（1）企业规模。企业规模可具体考察企业的年度销售收入总额和纳税额两方面，由于年度销售收入总额较大且纳税额较高的企业，通常会对区域科技与经济发展及财政收入的贡献较大，因此，应为该类企业分配较高的创新券额度，同时企业有效使用创新券，也会促进企业创新，提升创新绩效与纳税额，从而形成反哺效应。

（2）R&D 经费投入。企业的 R&D 经费投入强度是国内外衡量其创新水平的重要指标，R&D 经费投入高说明该类企业创新活跃，因此，对于 R&D 经费持续投入高的企业而言，创新券的分配额度应适当提高。

（3）研发人员数量。企业的研发人员数量多，说明该类企业创新任务量大，其对科技资源及技术的需求也相对较多，因此，更需要科技创新服务平台的支持。

（4）创新性成果。企业发明专利授权数、新产品销售收入等创新性成果可作为平台分配创新券的重要参考，而对创新成果数量较多的企业而言，应提高对其支持强度。

综上，根据创新券分配影响因素，设计创新券分配指标体系如表 4–1 所示。

表 4–1 创新券分配指标及权重

序号	分配指标	第 i 个企业的指标值	指标权重	备注
1	企业销售收入（万元）	x_{i1}	β_1	$\sum_{j=1}^{6}\beta_j=1$ $1\geqslant\beta_j\geqslant0$
2	企业纳税额（万元）	x_{i2}	β_2	
3	企业 R&D 经费投入（万元）	x_{i3}	β_3	
4	企业研发人员数量（人）	x_{i4}	β_4	
5	企业发明专利授权数（项）	x_{i5}	β_5	
6	企业新产品销售收入（万元）	x_{i6}	β_6	

基于上述影响因素分析，进一步引入因素法设计创新券分配模型，即通过确定各影响因素重要程度，计算各企业的创新券分配额度，具体步骤为：

（1）面向不同类型企业分配创新服务专项资金预算额。设F为创新服务专项资金预算总额，F^t为第t类企业获得的专项资金预算额，其中$t=1,2,3$。再将F分为F^1高新技术企业、F^2科技型中小企业和F^3科技型小微企业三部分。区域科技创新服务平台对以上三类企业创新服务专项资金预算额F的分配，可参考三类企业 R&D 经费投入占各类企业 R&D 经费总投入比例，并聘请专家对各类企业创新服务的重要性进行打分后予以分配。

$$F = F^1 + F^2 + F^3 \tag{4-25}$$

（2）确定不同类型企业分配指标权重。采用层次分析法，邀请政府科技管理人员、平台管理专家和相关领域学者，对不同类型企业的创新券分配影响因素相对重要程度进行打分，求得各类企业的分配指标权重$\beta_j^{\,t}$。

（3）计算每类企业中各企业创新券分配比例。设x_{ij}^t为第t类企业中第i个企业的第j个指标值；γ_{ij}^t为第t类企业中第i个企业的第j个指标值所占第t类n个企业的第j个指标值总和的比例，如公式（4-26）。

$$\gamma_{ij}^t = \frac{x_{ij}^t}{\sum_{i=1}^{n} x_{ij}^t} \tag{4-26}$$

设V_i^t为第t类企业中第i个企业的创新券分配比例，其计算公式为：

$$V_i^t = \sum_{j=1}^{6} \beta_j^{\,t} \gamma_{ij}^{\,t} \tag{4-27}$$

（4）计算每类企业中各企业创新券分配基础额。设第t类n个企业中第i个企业的创新券分配基础额为T_i^t，如公式（4-28）。

$$T_i^t = \frac{V_i^t}{\sum_{i=1}^{n} V_i^t} F^t (i = 1, 2, 3, \cdots, n) \tag{4-28}$$

（5）计算各企业最终获得的年度创新券分配总额。根据导向性、均衡性、激励约束等创新券分配原则，设$\lambda_i^{\,t}$为第t类企业中第i个企业获得的创新券奖励额；δ_i^t为第t类企业中第i个企业上一年度的创新券剩余额。综上，第t类企业中第i个企业的年度创新券分配总额为Y_i^t：

$$Y_i^t = T_i^t + \lambda_i^{\,t} + (1-\alpha)\delta_i^{\,t} \tag{4-29}$$

式中α为年度创新券剩余额的衰减系数。

4.5.1.2 奖励和衰减机制

为推进区域科技创新服务平台不断服务升级与提高创新券使用率，激励加盟企业能够及时充分地使用平台资源或服务进行科技创新，激发企业持续创新热情，不断提升平台服务水平，设计创新券奖励和衰减机制。

（1）奖励资金来源。资金来源主要分为两部分：一是每年年初，政府在制定创新服务专项资金投入计划后，可具体依据区域发展情况，适当在专项资金中预留奖励资金，用于奖励t类企业中创新效果好的企业及区域科技创新服务平台内服务效果突出的平台，设为U^t；二是每年年末，对尚未使用的创新券剩余额按比例进行衰减，并将t类企业的创新券衰减额（$\sum_{i=1}^{n}\alpha\delta_i^t$）作为奖励资金。

（2）双向激励设计。一是激励企业。依托区域科技创新服务平台内共享平台，对创新发展基础好及创新券使用效果突出的m个科技企业，分别给予年度创新券额度奖励λ_i^t，如公式（4-30）。二是激励平台。每年年末，政府可依据创新券使用效果评估报告，对区域科技创新服务平台中服务效果好的平台给予资金或项目奖励，以增强平台服务创新动力，提升平台服务创新能力，促进平台服务升级。

$$\lambda_i^t=\frac{T_i^t}{\sum_{i=1}^{m}T_i^t}\left(U^t+\sum_{i=1}^{n}a\delta_i^t\right) \tag{4-30}$$

（3）衰减机制。为促进企业有效使用创新券，区域科技创新服务平台内的共享平台可对年末仍有创新券额度剩余的企业，按照衰减系数α对创新券剩余额δ_i^t予以衰减，并将衰减后的$(1-\alpha)\delta_i^t$根据公式（4-29）转入到该企业下一年度创新券分配额中继续使用。

综上，基于政府财政支持引入创新券设计的激励机制，主要目的是在激励区域科技创新的同时，不断提升区域科技创新服务平台的使用效率，促进平台服务升级，从而推动平台发展与服务的可持续性。

4.5.2 学习机制

区域科技创新服务平台生态化发展的实现与服务模式的运行，需要区域科技创新服务平台内共享平台和技术平台不断保持着高度的学习状态，以依托彼此持续科技资源共享与协同服务供给，为区域科技创新服务平台的发展升级和服务创新存储知识与能量。具体而言，学习机制主要包括以下三部分：

（1）制定学习目标。区域科技创新服务平台生态化发展划分为初始探索、快速成长和持续发展三个阶段，每个阶段分别以不同服务模式为主导，且其体系内各子平台有不同的学习目标与任务，也需要掌握不同的知识技能。在生态化初始探索阶段，区域科技创新服务平台以实现协同发展为宗旨，其体系内共享平台和技术平台需要依托相互间的合作互动，学习并交流彼此间的科技资源共享与服务经验，以协同推进平台快速发展。当区域科技创新服务平台处于生态化快速成长阶段时，平台将进一步以大幅提升服务效率、降低服务成本为目标，此时平台就需要将学习重点转变为如何有效引入新兴信息技术，以提高服务效率与能力。而在生态化持续发展阶段，区域科技创新服务平台作为相对成熟的平台服务生态系统，其内部各子平台需要具备极强的自主学习能力，在谋求互利共生发展的同时，持续保持着高平衡性、高服务效率等发展与服务状态。

（2）拓展学习方式。区域科技创新服务平台生态化服务供给，可依托云存储、大数据等新兴信息技术，将区域科技创新服务平台内共享平台和技术平台的优势科技资源、典型服务案例、先进服务理念等数据进行有效集成，构建互联网+模式下的平台自主学习网络；也可以共享平台为主要负责主体，定期或不定期组织其他网络节点平台结合阶段性学习任务进行研讨性学习；此外，还可面向平台管理、服务模式创新、发展升级等方面问题，统一邀请专业人员予以指导与突破，进而一方面推动平台生态化发展、提高平台服务水平、促进平台服务升级，另一方面增强平台学习知识能力，提高平台知识存量，强化平台协同理念。

（3）营造良好学习氛围。良好的学习氛围对推动区域科技创新服务平台生态化发展与服务进化具有重要作用，而学习氛围的营造需要区域科技创新服务平台内共享平台和技术平台为实现协同发展，保持长效的协同学习状态，且围绕持续创新氛围，通过科技资源的高效配置及供需间的平衡匹配，为区域科技创新活动开展提供高质量、精细化、智能化及智慧化的科技服务支持，并在平台生态化演进各阶段，依托协同学习氛围的营造，激发新进平台自主学习动力，实现与平台网络的协同对接，从而逐步形成信息高速运转、知识不断积累、服务能力不断增强的区域科技创新服务平台服务生态循环。

4.5.3 服务创新机制

为有效支持区域科技创新及战略性新兴产业发展，持续为高校、科研院所、企业等创新主体提供优质科技服务，区域科技创新服务平台生态化发展与服务模式的长效运行需要在组织与环境的共同进化下，不断开展服务创新工作。

（1）与产业发展相协同开展服务创新。区域科技创新服务平台需要与区域战略性新兴产业重点领域专项计划相协同，充分利用区域内外高校、科研院所、企业等各类创新主体的丰富科技资源，通过政产学研金介的有效合作，面向重点产业领域构建平台服务链，并依托服务模式创新，为促进产业融合发展，提供精细化、智能化及智慧化的平台服务支持。

（2）面向复杂科技创新需求开展服务创新。伴随传统产业升级和战略性新兴产业创新发展及新一代信息技术的不断涌现，以互联网为核心的产业和技术革命将催生空前的科技创新浪潮，因此，面向科技创新需求量的不断增加及其呈现出的日益多样化和复杂化趋势，区域科技创新服务平台生态化发展与服务应具备积极主动响应需求变化的自我调控与自我适应能力，并依托人工智能、大数据、云计算等技术支撑环境，通过精准掌握科技创新需求，不断创新平台服务模式，升级平台服务功能。

（3）基于丰富科技资源开展服务创新。随着时间推移与区域科技创新服务平台生态化不断发展，平台获取、分类、存储与整合科技资源的能力将得到大幅提升，且随着区域科技创新服务平台内各子平台集聚资源渠道的不断拓展及平台服务经验的不断积累，科技资源依托融合创造其存量与种类将越发丰富，此时区域科技创新服务平台应基于对科技创新需求的深层次分析与挖掘，通过服务创新，促使平台资源与需求的平衡匹配与耦合发展，从而在提升资源利用率的同时，不断提高平台服务水平，实现“需求—资源—服务”的协同升级。

（4）依托平台升级发展开展服务创新。区域科技创新服务平台生态化演进分为初始探索阶段、快速成长阶段和持续发展阶段，每一阶段都需要在学习机制基础上，面向外界不断复杂多变的创新环境以及新兴信息技术的应用，依据自身发展需求，着重培育动态自组织演进、快速自主学习、协同资源创新及服务价值共享等能力，基于科技创新需求复杂化与科技资源多样化，针对区域科技创新服务平台发展升级需要，不断进行服务创新，以保障平台持续处于高效运转状态，且不断趋于最优的生态化发展与服务形态。

4.6　区域科技创新服务平台生态化服务模式运行机制应用策略

区域科技创新服务平台生态化服务模式的顺利运行，需要需求侧引导机制、供给侧优化机制、服务平衡机制及服务进化机制的共同保障，在整体上协同推动区域科技创新服务平台生态化服务模式的实现与可持续运行。然而具体针对不同的区域科技创新服务平台生态化服务模式而言，运行机制发挥作用的侧重点必须有所差异，才能最优化地保障区域科技创新服务平台生态化服务模式的良好运行。

（1）精细服务模式作为生态化初始探索阶段，基于区域科技创新服务平台内共享平台和技术平台初步交互发展，依托彼此间科技资源库的开放共享，协同面向区域科技创新需求提供多平台科技资源精准匹配的一类基础服务模式，在需求侧，须重点关注对区域科技创新需求的科学与标准分类，协同基于门户网站、智能客服系统、实地调研等途径进行的需求征集以及对多样需求的有效识别，明确区域科技创新需求的类别，精准掌握需求的属性与关键信息，为精细服务供给奠定基础，因此在需求侧引导机制中应注重需求分类与征集，以及需求识别子机制的建立；在供给侧，精细服务模式需要平台从多领域、多主体、多区域处集聚多样的科技资源，并基于需求对资源进行优化配置，以及通过跨平台资源共享的方式，协同为用户提供服务，因此，在供给侧优化机制中须重点关注资源集聚与优化配置，以及资源共享子机制的建立；而在服务平衡机制中，由于平台生态化服务模式构建的根本目的就是要通过有效平衡服务供需，实现科技资源的高效配置，以及对区域科技创新的有效服务支持，因此，精细服务模式的运行不仅须建立供需平衡机制，保障供需间的平衡匹配，还须通过共享平台与技术平台间的联盟合作，围绕平台生态系统的形成，依托系统内网络结构建立起平台间相互联结的平衡关系，以实现对科技创新的协同服务支持；服务进化机制方面，精细服务模式需要最基础地建立起依托创新券的激励机制，一方面快速激励大量创新主体的加盟；另一方面通过激励更多平台联盟合作，促进彼此间科技资源共享共用与协同服务能力的不断提升，为精细服务模式运行提供重要保障。

（2）智能服务模式作为生态化快速成长阶段，随着区域科技创新服务平台内共享平台和技术平台协同发展与服务关系的不断深化，进一步有效提高服务效率，降低服务成本，而依托大数据、人工智能等新兴信息技术的引入，针对大量共性化科技创新需求，通过建立标准化服务模块等方式，快速响应用户需求提供智能化服务的一类服务模式，在需求侧，须重点关注对用户隐性需求的挖掘，以及需求信息的模块化整合，在为标准化服务模块设计提供依据的同时，为智能服务模式的有效运行提供保障，因此，在需求侧引导机制中应注重需求挖掘，以及需求整合子机制的建立；在供给侧，智能服务模式需要基于大量的资源与服务匹配信息积累，将具有共性特征且能重复性使用的科技资源进行标准化模块封装，以在面向用户共性需求时，迅速将服务模块组合方案推送给用户，这就需要不断集成科技资源并基于需求变化，动态调整各平台资源库整合的资源状态，并多维度将资源进行融合集成，以实现对资源标准化处理与按需的优化组合，因此，供给侧优化机制中需要更加关注资源动态调整及资源融合子机制的建立；而在服务平衡机制中，区域科技创新服务平台在建立供需平衡机制的基础上，要进一步关注于共享平台和技术平台间由于服务协同关系的深化及服务协同能力的提升，重点围绕平台间服务功能的协同建立起平衡的联结关系；在服务进化机制方面，智能服务模式则须为加快平台对于新兴信息技术的引入，通过建立学习机制，加强平台间沟通与先进服务理念的学习，为推进服务模式升级奠定基础。

（3）智慧服务模式作为生态化持续发展阶段，区域科技创新服务平台内共享平台和技术平台深度协同并实现融合发展时，面向未来探索性及日益个性化的科技创新需求，通过协同打造智库系统，依托多样智慧集成，为用户提供战略性、前瞻性和创新性科技服务的一类服务模式。在需求侧，须重点关注对用户需求的多维诱发，以从多视角明晰用户的现实、潜在及未来需求，为智慧服务供给提供依据，因此，在需求侧引导机制中应注重需求诱发子机制的建立；在供给侧，智慧服务模式需要依托多领域科技专家的多样知识与经验，协同为用户提供高端定制化的智慧集成服务，因此，供给侧优化机制需要注重资源创造子机制的建立，以不断整合新的科技资源，丰富科技资源库与专家经验的积累；而在服务平衡机制中，智慧服务模式的运行须随着区域科技创新服务平台协同发展的不断深入，更加注重平台间协同服务的利益平衡分配以及调整服务平衡的控制反馈机制建立，最大化发挥多平台协同服务支撑科技创新的作用，高效配置区域科技资源，实现整个平台生态系统平衡的发展与服务状态；在服务进化机制方面，智慧服务模式作为最高端的服务模式，需要更进一步通过服务思想上的创新及围绕战略性新兴产业发展、基于用户需求的不断变化等不断创新平台的服务方式，因此，服务进化机制下需要注重服务创新机制的建立。

综上，区域科技创新服务平台生态化服务模式运行，需要需求侧引导机制、供给侧优化机制、服务平衡机制及服务进化机制的协同保障，每一个运行机制都缺一不可，只不过针对不同的服务模式而言，所需要运行机制发挥作用的侧重点不同，具体区域科技创新服务平台生态化服务模式运行机制的应用策略，如表 4-2 所示。

表 4-2　区域科技创新服务平台生态化服务模式运行机制应用策略

机制	精细服务模式	智能服务模式	智慧服务模式
需求侧引导机制	精细服务模式应重点关注需求分类与征集以及需求识别子机制的建立	智能服务模式应重点关注需求挖掘以及需求整合子机制的建立	智慧服务模式应重点关注需求诱发子机制的建立
供给侧优化机制	在供给侧，精细服务模式应重点关注资源集聚与优化配置以及资源共享子机制的建立	智能服务模式为实现供需的高效匹配，应重点关注资源动态调整以及资源融合子机制的建立	基于智慧服务模式运行中知识、智慧等新资源的形成，应重点关注资源创造子机制的建立
服务平衡机制	精细服务模式应重点关注供需平衡机制以及基于网络结构的平台联结平衡关系的建立	智能服务模式在实现供需平衡匹配的基础上，还须重点关注基于平台功能的联结平衡关系的建立	智慧服务模式在高端运行层，应重点关注利益平衡机制以及控制反馈机制的建立
服务进化机制	精细服务模式应重点关注激励机制的建立	智能服务模式应重点关注学习机制的建立	智慧服务模式应重点关注服务创新机制的建立

4.7　本章小结

为保障区域科技创新服务平台生态化服务模式的顺利运行，本章基于区域科技创新服务平台服务流程，设计了区域科技创新服务平台生态化服务模式运行机制，即需求侧引导机制、供给侧优化机制、服务平衡机制及服务进化机制四部分。其中，需求侧引导机制具体包括需求分类与征集、需求识别与挖掘、需求整合与诱发子机制；供给侧优化机制具体包括资源集聚与优化配置、资源共享与动态调整、资源融合与创造子机制；服务平衡机制具体包括供需平衡机制、联结平衡机制、利益平衡机制和控制反馈机制；服务进化机制则具体包括激励机制、学习机制与服务创新机制，在此基础上，进一步给出了区域科技创新服务平台生态化服务模式运行机制的应用策略。

第 5 章　区域科技创新服务平台生态化服务效果评价体系

基于区域科技创新服务平台生态化服务模式构建及运行机制设计，进一步有效掌握区域科技创新服务平台生态化发展的实际服务效果，充分发挥平台服务支撑科技创新作用，构建区域科技创新服务平台生态化服务效果评价体系，为及时准确了解平台服务状态，提高平台服务水平及优化服务模式运行机制等提供科学依据。

5.1　区域科技创新服务平台生态化服务效果评价目的与思路

5.1.1 服务效果评价目的

对区域科技创新服务平台生态化服务效果进行评价具有以下四点目的：

（1）掌握区域科技创新服务平台生态化服务状态。区域科技创新服务平台要实现可持续发展与服务，并作为包含区域内共享平台和技术平台的复杂平台生态系统实现良性运转，需要通过建立科学全面的评价体系，有效掌握平台所处生态化发展阶段的实际服务状态、优势与不足，为平台进一步服务升级，制定可持续发展规划、服务方向及管理策略等提供科学依据。

（2）提升区域科技创新服务平台生态化服务水平。构建科学适用的区域科技创新服务平台生态化服务效果评价体系，能够使各区域科技创新服务平台结合生态化发展与服务模式运行，依托对自身实际服务效果的评价，发现影响平台服务效果的积极与消极因素，从而制定科学合理有效的平台服务水平提升策略和不断强化平台发展与服务优势，以此综合提升平台生态化服务水平，并实现平台生态化服务能力的持续增强。

（3）推动区域科技创新服务平台可持续发展与服务。对区域科技创新服务平台生态化服务效果进行评价的根本目的，是要实现区域科技创新服务平台的可持续发展与服务，即通过评价平台生态化发展过程中服务模式运行的实际效果，找寻平台能够实现长效发展与服务的机遇及挑战，进而准确定位平台发展战略，指明平台可持续发展与服务方向，并充分发挥平台服务支撑科技创新及战略性新兴产业发展的作用。

（4）指导地方各级政府科学制定相关政策制度。基于对区域科技创新服务平台生态化服务效果的客观评价，地方各级政府科技管理部门可通过掌握实际评价结果，了解平台的具体生态化发展需求与服务状态，进而有针对性地制定相关支持或激励等科学适宜的政策制度，有效管理与推动平台良好运行，为促进平台生态化发展与服务提供有力保障。

5.1.2 服务效果评价思路

为了深入了解区域科技创新服务平台生态化发展的实际服务效果，精准度量区域科技创新服务平台内共享平台与技术平台间协同服务的综合状态，首先，需要明确影响区域科技创新服务平台生态化服务效果的主要因素，以及这些因素是通过怎样的作用方式相互关联并影响平台生态化发展与服务，由于区域科技创新服务平台是承载区域内共享平台和各重点产业领域技术平台的综合性服务体系，故其生态化发展的实际服务效果将受体系内外多种因素的协同影响。其次，需要基于影响因素分析，依托评价指标体系设计原则，构建区域科技创新服务平台生态化服务效果评价指标体系，再选择科学适用的评价方法，设计区域科技创新服务平台生态化服务效果评价模型。最后，为了有效提高区域科技创新服务平台生态化服务效果评价体系设计的有效性与适用性，需要进一步提出具体的评价体系应用策略，为区域科技创新服务平台实现可持续发展与服务、促进平台服务效果的有效提升提供科学依据并指明方向。

5.2　区域科技创新服务平台生态化服务效果评价指标体系构建

5.2.1 服务效果影响因素分析

结合区域科技创新服务平台服务流程及其生态化服务模式运行的全过程，依据系统分析与设计思想，提出区域科技创新服务平台生态化服务效果主要受资源集成情况、服务供给情况、运行管理情况及内外部合作与支持情况四个方面共同影响。

（1）资源集成。区域科技创新服务平台生态化发展的宗旨，即通过高效集成整合多样科技资源，为科技创新提供有效协同服务支持，并实现科技资源高效利用及服务供需的平衡匹配。因此，区域科技创新服务平台集成科技资源的状态是衡量其服务效果的首要维度。鉴于区域科技创新服务平台生态化发展与服务过程中，不断增加科技资源集成数量是平台服务供给的根本，不断提高科技资源集成质量是平台服务升级的核心，而持续有效集成科技资源是平台实现可持续发展与服务的原动力，故而将平台集成科技资源的数量、质量和增率作为资源集成的子维度。其中，资源数量可具体按照平台集成科技资源的类别进行细化分解，即主要包括平台加盟单位量、集成科技人才量、整合入网大型仪器设备量和科技成果量；资源质量可依据平台整合高层次科技资源的程度与占比予以判定，具体包括平台加盟单位质量、科技人才质量、整合入网大型仪器设备质量和科技成果质量。资源增率可重点考察平台集成各类科技资源的年均增长水平，包括平台加盟单位年均增率、科技人才年均增率、大型仪器设备年均增率和科技成果年均增率。

（2）服务供给。区域科技创新服务平台生态化发展需要持续基于用户需求，通过科技资源优化配置，依托共享平台与技术平台服务功能耦合，协同为用户创新提供所需科技资源或服务的平衡匹配对接。服务是区域科技创新服务平台为满足科技创新需求所提供的最核心功能及可持续发展运行最直接的价值体现。平台的实际服务效果要取决于服务的实际供给情况，而平台服务供给又主要以用户需求为导向，能否有效实现对科技创新的支撑作用，进一步取决于服务供给的规模、质量与成效。其中，服务规模可主要依据区域科技创新服务平台服务业态，具体分为仪器设备服务量、检验检测服务量、技术转移服务量、科技咨询服务量和科技文献下载量；服务质量可由平台响应需求及时性、服务渠道多样性、服务匹配有效性和服务领域全面性等综合衡量；而服务成效即为平台服务的结果与影响，可主要由用户满意度、平台门户网站访问增率、平台服务科技创新的支撑效果及平台服务产生的经济与社会效益共同反映。

（3）运行管理。区域科技创新服务平台运行管理水平的高低不仅决定了平台生态化发展的持续稳定性，还影响了平台的服务效果，科学、合理与高效的平台运行管理方式是实现科技资源优化集成及服务供给有效及时的重要保障。而规范化的组织管理是区域科技创新服务平台生态化服务模式运行的基础，优质的运行条件又是区域科技创新服务平台生态化发展与服务所需的关键。因此，将区域科技创新服务平台运行管理维度划分为组织管理与运行条件两部分，其中，组织管理可具体分为平台发展规划有效性、管理制度完善性、员工配比合理性（硕士以上学历员工占比）及员工年度培训次数等；平台运行条件可由平台建设的初始投入额、科技资源库建设数量与平台门户网站建设情况等共同表征。

（4）合作支持。区域科技创新服务平台生态化发展与服务供给的实际效果需具体考察其体系内共享平台与技术平台间的联盟合作情况，以及从外部获得的政府支持情况。其中，联盟合作情况可由区域科技创新服务平台内建立联盟合作关系的国家级共享平台数量、省市级共享平台数量与覆盖重点产业技术平台的数量共同反映；而政府支持情况可通过考察政府为推进区域科技创新服务平台建设与发展的财政投入额、政府支持力度及计划支持经费额予以判定。

5.2.2 服务效果评价指标体系构建原则

结合区域科技创新服务平台生态化服务效果评价目的与思路，为充分掌握区域科技创新服务平台生态化发展的实际服务效果，按照如下原则构建区域科技创新服务平台生态化服务效果评价指标体系。

（1）科学性原则。评价指标体系设计要能够准确、科学、有效地反映出区域科技创新服务平台生态化的实际服务效果，同时应在一定理论基础上，确保评价体系结构的科学合理与突出重点，并能充分体现区域科技创新服务平台生态化服务供给的需求引导、资源集成及服务创新的特点。

（2）系统性原则。区域科技创新服务平台生态化发展本质上是一个复杂平台生态系统的运行过程，因此，其服务效果评价需要基于系统思想，全面综合考量影响区域科技创新服务平台生态化服务效果的各方面因素，而各因素之间需要具有合理性、关联性及层次性等特征，以构建系统性和整体性的区域科技创新服务平台生态化服务效果评价指标体系。

（3）可操作性原则。可操作性原则即评价指标的可用性，区域科技创新服务平台生态化服务效果评价指标设计与选取需充分考虑其获取便捷性、数据可靠性、操作便利性等多方面，以确保评价指标数据的可计算性和真实性，为平台生态化发展与服务效果提升及服务模式运行机制优化等提供指导性建议。

（4）可比性原则。区域科技创新服务平台生态化服务效果评价指标体系设计，既要满足对单一区域科技创新服务平台的评价需要，也要满足对不同区域科技创新服务平台生态化服务效果的评价与比较，因此，在选取指标时要选取具有可比性特征的指标。

（5）全面性原则。区域科技创新服务平台生态化发展与服务受多种因素的综合影响，既包括定量因素，又包含定性因素，因此，指标选取要相对全面，要将定性和定量指标相结合统一进行评价，而基于统计和计算的客观性和科学性要求，须尽量选取定量指标，并可对定性指标采用适当方法或规则进行量化处理。

5.2.3 服务效果评价指标体系

基于影响因素分析，结合评价指标体系构建原则，设计区域科技创新服务平台生态化服务效果评价指标体系，如表 5-1 所示。

表 5-1 区域科技创新服务平台生态化服务效果评价指标体系

目标层	准则层	子准则层	指标层
区域科技创新服务平台生态化服务效果评价	资源集成 A_1	资源数量 B_1	加盟单位量 C_1
			科技人才量 C_2
			大型仪器设备量 C_3
			科技成果量 C_4

续表

目标层	准则层	子准则层	指标层
区域科技创新服务平台生态化服务效果评价	资源集成 A_1	资源质量 B_2	加盟单位质量 C_5
			科技人才质量 C_6
			大型仪器设备质量 C_7
			科技成果质量 C_8
		资源增量 B_3	加盟单位年均增率 C_9
			科技人才年均增率 C_{10}
			大型仪器设备年均增率 C_{11}
			科技成果年均增率 C_{12}
	服务供给 A_2	服务规模 B_4	仪器设备服务量 C_{13}
			检验检测服务量 C_{14}
			技术转移服务量 C_{15}
			科技咨询服务量 C_{16}
			科技文献下载量 C_{17}
		服务质量 B_5	服务响应及时性 C_{18}
			服务渠道多样性 C_{19}
			服务匹配有效性 C_{20}
			服务领域全面性 C_{21}
		服务成效 B_6	用户满意度 C_{22}
			门户网站访问增率 C_{23}
			平台服务的创新效果 C_{24}
			平台服务的经济效益 C_{25}
			平台服务的社会效益 C_{26}
	运行管理 A_3	组织管理 B_7	发展规划有效性 C_{27}
			管理制度完善性 C_{28}
			硕士以上学历员工占比 C_{29}
			年均员工培训次数 C_{30}
		运行条件 B_8	平台初始投入额 C_{31}
			资源库建设量 C_{32}
			门户网站建设 C_{33}
	合作支持 A_4	联盟合作 B_9	国家级共享平台联盟数 C_{34}
			省市级共享平台联盟数 C_{35}
			技术平台联盟数 C_{36}
		政府支持 B_{10}	财政投入额 C_{37}
			政府支持力度 C_{38}
			计划支持经费额 C_{39}

5.2.4 服务效果评价指标内涵

区域科技创新服务平台生态化服务效果评价指标内涵如下：

（1）加盟单位量。指加盟区域科技创新服务平台的高校、科研院所、企业、中介机构等服务单位的总量。

（2）科技人才量。指区域科技创新服务平台在不同学科领域集成的具有专业知识技能或丰富实践经验的科技人才总量。

（3）大型仪器设备量。指区域科技创新服务平台整合入网 30 万级以上能为用户提供分析测试、检验认证等多项科技服务的大型仪器设备总量。

（4）科技成果量。指区域科技创新服务平台集成与发布的基础理论成果、应用技术成果与软科学成果的总量，其中应用技术成果为平台主要集成的科技成果。

（5）加盟单位质量。指区域科技创新服务平台加盟服务单位的等级与水平，可由加盟服务单位中国家级重点实验室、工程技术中心等机构的总量判定。

（6）科技人才质量。指区域科技创新服务平台集成科技人才的层次与多样程度，可具体由平台集成院士、长江、杰青、千人、万人等国家级科技人才的总量判定。

（7）大型仪器设备质量。指区域科技创新服务平台集成大型仪器设备的等级与价值，可具体由平台集成百万级大型仪器设备的总量判定。

（8）科技成果质量。指区域科技创新服务平台集成科技成果的层次与多样程度，可具体由平台集成科技成果中国家各类科技计划成果占比判定。

（9）加盟单位年均增率。指区域科技创新服务平台加盟服务单位数量的年均增长情况，可具体由近三年平台加盟服务单位量的年均增率予以衡量。

（10）科技人才年均增率。指区域科技创新服务平台集成科技人才资源的年均增长情况，可具体由近三年平台集成科技人才的年均增率予以衡量。

（11）大型仪器设备年均增率。指区域科技创新服务平台集成入网 30 万级以上大型仪器设备的年均增长情况，可具体由近三年平台集成大型仪器设备的年均增率予以衡量。

（12）科技成果年均增率。指区域科技创新服务平台集成科技成果资源的年均增长情况，可具体由近三年平台集成科技成果的年均增率予以衡量。

（13）仪器设备服务量。指区域科技创新服务平台基于整合入网的多样仪器设备，为用户提供仪器设备共享服务的累计次数。

（14）检验检测服务量。指区域科技创新服务平台面向不同产业领域检验检测项目，依托专业检验检测机构为用户提供检验检测服务的累计次数。

（15）技术转移服务量。指区域科技创新服务平台面向用户技术转移需求，依托各类技术转移服务机构为用户提供技术转移服务的累计次数。

（16）科技咨询服务量。指区域科技创新服务平台为用户提供管理咨询、科技战略研究、科技评估等科技咨询服务的累计次数。

（17）科技文献下载量。指用户使用区域科技创新服务平台累计下载科技文献的次数。

（18）服务响应及时性。指区域科技创新服务平台针对用户需求，提供所需服务的及时程度，可具体由平台提供服务的平均响应时间判定。

（19）服务渠道多样性。指区域科技创新服务平台为用户提供服务渠道的多样程度，可具体由平台提供门户网站、科技 114、服务推送站等服务渠道的数量判定。

（20）服务匹配有效性。指区域科技创新服务平台针对用户需求匹配科技资源或服务的有效程度，可具体由平台服务与用户需求匹配成功的概率判定。

（21）服务领域全面性。指区域科技创新服务平台服务覆盖区域战略性新兴产业的范围，可具体由平台服务的战略性新兴产业数量占所在区域战略性新兴产业数量的比值判定。

（22）用户满意度。指用户对区域科技创新服务平台服务的满意程度，可具体根据用户反馈信息中对平台服务的满意度判定。

（23）门户网站访问增率。指区域科技创新服务平台门户网站访问量的增长情况，可具体由平台近三年年均门户网站访问增率予以判定。

（24）平台服务的创新效果。指区域科技创新服务平台服务对区域科技创新的支撑情况，可具体由用户利用平台服务新增专利授权数和获得国家级科技奖励数共同判定。

（25）平台服务的经济效益。指区域科技创新服务平台服务对区域经济发展的作用，可具体由利用平台服务获得技术及新产品销售收入增长 10% 以上的用户比例判定。

（26）平台服务的社会效益。指区域科技创新服务平台服务对社会进步的作用，可具体根据平台服务对提高科技资源利用率、促进企业发展和带动科技服务业等社会支撑作用的强弱判定。

（27）发展规划有效性。指区域科技创新服务平台是否制定发展规划及发展规划是否已分解成子任务予以执行的情况。

（28）管理制度完善性。指区域科技创新服务平台制定管理规章制度的完善情况与管理规章制度的出台情况。

（29）硕士以上学历员工占比。指区域科技创新服务平台内共享平台和技术平台运行管理中心具有硕士以上学历的员工数量占总员工数量的比重。

（30）年均员工培训次数。指区域科技创新服务平台年均组织员工进行平台运行发展与服务等相关内容的培训数量，可具体由平台近三年年均开展员工业务培训的次数判定。

（31）平台初始投入额。指区域科技创新服务平台内共享平台和技术平台分别在建设初始，因基础设施建设、网络化信息技术引入、科技资源库扩容等投入的资金总额。

（32）资源库建设量。指区域科技创新服务平台中共享平台与技术平台的科技资源库建设总量。

（33）门户网站建设。指区域科技创新服务平台内共享平台与技术平台的界面建设情况、信息更新及时程度与网站间链接的有效性。

（34）国家级共享平台联盟数。指区域科技创新服务平台内共享平台与技术平台联盟合作国家级共享平台的总量。

（35）省市级共享平台联盟数。指区域科技创新服务平台内共享平台的加盟总量。

（36）技术平台联盟数。指区域科技创新服务平台内技术平台加盟总量。

（37）财政投入额。指政府为推进区域科技创新服务平台建设与发展投入的财政资金，可具体由近三年的投入总额判定。

（38）政策支持力度。指政府为推进区域科技创新服务平台建设与发展累计出台的政策总数。

（39）计划支持经费额。指政府为支持区域科技创新服务平台建设与发展预计投入的资金，可具体由政府未来三年计划投入平台运行经费总额判定。

5.3 区域科技创新服务平台生态化服务效果评价模型

5.3.1 服务效果评价指标权重确定

5.3.1.1 方法选择

基于区域科技创新服务平台生态化服务效果评价指标体系构建，须进一步选择相适宜的指标权重确定方法，以确保评价的科学性。目前常用的权重确定方法如下：

（1）主观赋权法。主观赋权法是指依据专家的主观判断与经验确定评价指标权重的方法，主要包括专家评价法、层次分析法和模糊层次分析法等。专家评价法是由专家直接对指标权重进行赋值，并经过多轮讨论最后形成一致意见的方法；层次分析法是将复杂问题层次化，并基于标度将专家主观判断精准化，以通过构造判断矩阵来推算指标权重的方法，层次分析法可将专家定性的群决策转变为具有较强科学性的定量决策；模糊层次分析法则能够有效解决专家判断时给出模糊判断的问题，当指标重要性差别不大、判断过程具有模糊性的时候，适用于模糊层次分析法。

（2）客观赋权法。客观赋权法是指通过评价指标的实际观测值的内在规律来推定不同指标对结果的影响程度，进而确定指标权重的方法，主要包括主成分分析法、灰关联法和熵权法等。主成分分析法是经多元统计分析，通过各指标成分的贡献率来确定指标权重；灰关联法是根据灰色系统理论，利用灰关联评估中的关联矩阵，通过管理矩阵中关联强度的分析，确定各指标权重；熵权法则是基于信息论，通过判定指标信息熵来确定指标权重，通常指标信息熵越小，越能提供较大的信息量，在评价时也就越能发挥较大的作用，权重也相应较高。

鉴于主观赋权法主要依据专家的主观评测判定指标间重要性的强弱，人为因素较大，易造成评价结果缺乏科学性，而客观赋权法多通过收集实际观测数据判定指标相对重要程度，在一定程度上又缺乏对决策者经验的考量。因此，为共同反映专家经验估计的主观权重与实际数据映射的客观权重，选择层次分析法与熵权法相结合的组合赋权法，综合确定区域科技创新服务平台生态化服务效果评价指标体系权重。

5.3.1.2 组合赋权

组合赋权法确定指标权重过程如下：

（1）层次分析法确定指标主观权重。具体过程如第 3 章 3.5.1 部分所示。

（2）熵权法确定指标客观权重。

①将层次分析法中的判断矩阵按照公式（5-1）进行归一化处理，可得标准化矩阵$p=\{p_{ij}\}_{n\times n}$。

$$p_{ij}=\frac{\alpha_{ij}}{\sum_{i=1}^{n}\alpha_{ij}} \tag{5-1}$$

②在求得标准化矩阵基础上，根据公式（5-2）计算各指标熵值。

$$e_j=-\frac{1}{\ln n}\sum_{i=1}^{n}(p_{ij}\times\ln p_{ij}) \tag{5-2}$$

③进一步依据公式（5-3）计算各指标的熵权。

$$f_j=\frac{(1-e_j)}{\sum_{j=1}^{n}(1-e_j)} \tag{5-3}$$

（3）结合层次分析法与熵权法组合赋权。利用层析分析法得到的权重ω和熵权法得到的权重f，利用乘数合成归一法计算组合权重，如公式（5-4）所示。

$$\lambda_i=\frac{\omega_j f_j}{\sum_{j=1}^{n}\omega_j f_j} \tag{5-4}$$

5.3.2 服务效果评价模型设计

区域科技创新服务平台生态化服务效果评价指标体系中，既包含定性指标，又包含定量指标，为了综合有效评价平台生态化服务效果，在确定评价指标权重基础上，引入规则评价方法，即根据各评价指标特性为其依次设计相对应的具体化评判规则，以结合定量指标的实际数据与定性指标的专家判定，实现定性指标定量化，降低专家主观评测的随意性，增强专家判断与打分的准确性及规范性，提高评价工作的可操作性，并确保评价结果的科学与客观。现基于区域科技创新服务平台生态化服务效果评价指标体系，采用25分制5个等级，结合对我国部分区域科技创新服务平台相关数据的实际观测与收集，设计区域科技创新服务平台生态化服务效果评价指标的具体评分规则与标准，如表5-2所示。

表5-2 区域科技创新服务平台生态化服务效果评价指标的评分规则与标准

指标名称		评价规则及标准				
子准则层	指标层	25～21（中值23）	20～16（中值18）	15～11（中值13）	10～6（中值8）	5～1（中值3）
资源数量	加盟单位量	4000家以上	3000~4000家	2000~3000家	1000~2000家	1000家以下
	科技人才数量	20万名以上	15~20万名	10~15万名	5~10万名	5万名以下
	大型仪器设备量	10000台（套）以上	8000~10000台（套）	6000~8000台（套）	4000~6000台（套）	4000台（套）以下
	科技成果数量	2万项以上	1.5~2万项	1~1.5万项	0.5~1万项	0.5万项以下
资源质量	加盟单位质量	500家以上	350~500家	200~350家	50~200家	50家以下
	科技人才质量	500名以上	350~500名	200~350名	50~200名	50名以下
	大型仪器设备质量	2000台（套）以上	1500~2000台（套）	1000~1500台（套）	500~1000台（套）	500台（套）以下
	科技成果质量	80%以上	60%~80%	40%~60%	20%~40%	20%以下
资源增率	加盟单位年均增率	40%以上	30%~40%	20%~30%	10%~20%	10%以下
	科技人才年均增率	60%以上	45%~60%	30%~45%	15%~30%	15%以下
	大型仪器设备年均增率	40%以上	30%~40%	20%~30%	10%~20%	10%以下
	科技成果年均增率	50%以上	35%~50%	20%~35%	5%~20%	5%以下
服务数量	仪器设备服务量	50万次以上	35~50万次	20~35万次	5~20万次	5万次以下
	检验检测服务量	200万次以上	150~200万次	100~150万次	50~100万次	50万次以下
	技术转移服务量	20万次以上	15~20万次	10~15万次	5~10万次	5万次以下
	科技咨询服务量	20万次以上	15~20万次	10~15万次	5~10万次	5万次以下
	科技文献下载量	200万次以上	150~200万次	100~150万次	50~100万次	50万次以下

续表

指标名称		评价规则及标准				
子准则层	指标层	25 ~ 21（中值 23）	20 ~ 16（中值 18）	15 ~ 11（中值 13）	10 ~ 6（中值 8）	5 ~ 1（中值 3）
服务质量	服务响应及时性	1 天及以内	1~3 天	3~5 天	5~7 天	7 天以上
	服务渠道多样性	8 个以上	6~8 个	4~6 个	2~4 个	2 个以下
	服务匹配有效性	90% 以上	70%~90%	50%~70%	30%~50%	30% 以下
	服务领域全面性	80% 以上	70%~80%	60%~70%	50%~60%	50% 以下
服务成效	用户满意度	90% 以上	80%~90%	70%~80%	60%~70%	60% 以下
	门户网站访问增率	40% 以上	30%~40%	20%~30%	10%~20%	10% 以下
	创新支撑效果	1000 项以上	700~1000 项	400~700 项	100~400 项	100 项以下
	经济效益	40% 以上	30%~40%	20%~30%	10%~20%	10% 以下
	社会效益	平台服务对社会发展具有重大支撑作用	平台服务对社会发展具有重要支撑作用	平台服务对社会发展具有较好支撑作用	平台服务对社会发展具有一定支撑作用	平台服务对社会发展支撑作用一般
组织管理	发展规划有效性	已制定规划且很好分解为年度执行计划	已制定规划且基本上分解为年度执行计划	已制定规划且将主要任务进行了分解	已制定规划但未进行任务分解	规划不完善且未有对应年度计划
	管理制度完善性	管理制度完善性高，出台制度 40 项以上	管理制度完善性较高，出台制度 30~40 项以上	管理制度完善性一般，出台制度 20~30 项以上	管理制度不够完善；出台制度 10~20 项	管理制度不完善；出台制度 10 项以下
	硕士以上学历员工占比	80% 以上	70%~80%	60%~70%	50%~60%	50% 以下
	年均员工培训次数	80 次以上	60~80 次	40~60 次	20~40 次	20 次以下

续表

指标名称		评价规则及标准				
子准则层	指标层	25 ~ 21（中值 23）	20 ~ 16（中值 18）	15 ~ 11（中值 13）	10 ~ 6（中值 8）	5 ~ 1（中值 3）
运行条件	平台初始投入额	5000 万元以上	4000 万 ~5000 万元	3000 万 ~4000 万元	2000 万 ~3000 万元	2000 万元以下
	资源库建设量	40 个以上	30~40 个	20~30 个	10~20 个	10 个以下
	门户网站建设	界面友好、更新及时、平台间连接有效性好	界面较好、更新较为及时、平台间连接有效性较好	界面较基础、更新频率一般、平台间连接有效性一般	界面待改进，更新频率待加强，平台间连接有效性较差	界面有待完善、更新频率低，平台间连接有效性差
联盟合作	国家级共享平台联盟数	20 家以上	15~20 家	10~15 家	5~10 家	5 家以下
	省市级共享平台联盟数	20 家以上	15~20 家	10~15 家	5~10 家	5 家以下
	技术平台联盟数	40 家以上	30~40 家	20~30 家	10~20 家	10 家以下
政府支持	财政投入额	5000 万元以上	4000 万 ~5000 万元	3000 万 ~4000 万元	2000 万 ~3000 万元	2000 万元以下
	政策支持力度	出台政策 20 项以上	出台政策 15~20 项	出台政策 10~15 项	出台政策 5~10 项	出台政策 5 项以下
	计划支持经费额	2000 万元以上	1500 万 ~2000 万元	1000 万 ~1500 万元	500 万 ~1000 万元	500 万元以下

（1）数据采集与专家评分。①依据区域科技创新服务平台生态化服务效果评价指标的评分规则与标准，设计评价指标数据采集表。随后分别向待评价区域科技创新服务平台内共享平台与技术平台管理人员发放，获取定量指标数据和定性指标评分。②邀请平台领域的实务专家与研究学者，专项对评价指标中的每一个定性指标进行再次评分。③结合m名共享平台和技术平台管理人员及专家学者分别对定性指标的评分，按照公式（5-5）进一步计算每一定性指标的平均分值，其中x_{ij}为第i位专家对第j个定性指标的评分。

$$\overline{x_j}=\sum_{i=1}^{m}\frac{x_{ij}}{m} \tag{5-5}$$

（2）计算评价综合值。考虑到实际计算时的可操作性与便捷性，选择线性加权法逐层计算区域科技创新服务平台生态化服务效果的总评价值，首先，计算子准测层每一指标评价值U_t（$t=1,2,\cdots,10$），其次，计算准则层每一指标评价值U_v（$v=1,2,3,4$），最后，计算目标层即区域科技创新服务平台生态化服务效果的总评价值U_c，并依据评价值所处规则区间，即好[20～25)、较好[15～20)、一般[10～15)、较差[5～10)和差[1～5)，判定区域科技创新服务平台生态化服务效果。

$$U_t=\sum_{p=1}^{r}\lambda_{vtp}x_{vtp} \tag{5-6}$$

$$U_v=\sum_{t=1}^{s}\lambda_{vt}U_t \tag{5-7}$$

$$U_c=\sum_{v=1}^{o}\lambda_{v}U_v \tag{5-8}$$

其中，λ_{vtp}和x_{vtp}分别为准则层第v个指标对应的子准则层第t个指标对应的指标层第p个指标的权重和数值，r为子准则层每一指标对应指标层指标的个数；λ_{vt}为准则层第v个指标对应的子准则层第t个指标的权重，s为准则层每一指标对应子准则层的个数；λ_v为准则层指标权重，o为准则层个数。

5.4 区域科技创新服务平台生态化服务效果评价体系应用策略

区域科技创新服务平台生态化服务效果评价体系的应用策略具体包括以下两个方面：

一方面，区域科技创新服务平台生态化服务效果评价体系的应用，可通过掌握平台生态化发展的实际服务效果与状态，为优化平台生态化服务模式运行机制及生态化服务平衡机制中的控制反馈机制应用提供科学依据，因此，区域科技创新服务平台生态化服务效果评价体系的应用可具体通过对平台生态化服务效果评价体系内资源集成、服务供给、运行管理与合作支持四个维度的实际评价与分析，明确掌握平台在实际生态化发展与服务中的优势与不足，从而进一步在运行机制优化及控制反馈机制中，在平台资源、服务等薄弱环节进行有针对性的重点加强，以有效推进平台整体上实现生态化的服务平衡。

另一方面，为提高评价指标的针对性以及评价的有效性、适用性与灵活性，区域科技创新服务平台生态化服务效果评价体系的实际应用须进一步明确指标数据的来源、指标的实际运用过程、评价规则的科学调整、评价专家的选取及指标体系的优化。

（1）评价指标数据来源。区域科技创新服务平台生态化服务效果评价指标体系中包含定性指标与定量指标，其中定性指标的数据来源需要由区域科技创新服务平台内共享平台和技术平台的管理人员及相关领域专家学者共同打分后获取，如平台服务的社会效益、发展规划有效性及平台门户网站建设情况等；而定量指标的数据来源则包括两部分：一是需要由待评价区域科技创新服务平台内共享平台与技术平台的管理中心处共同提供，如加盟单位量、大型仪器设备量、检验检测服务量、资源库建设量等；二是需要在获取各平台基础数据后由评价者进一步计算得到，如加盟单位年均增率、科技成果年均增率、门户网站访问增率等。

（2）评价指标运用。由于我国各省市对区域科技创新服务平台生态化服务效果的实际评判需求不同，因此，评价者可在参考本书评价指标设计的基础上，依据具体需要，对评价指标进行筛选，且基于可操作性原则，通过类似指标替代、指标增加及剔除等处理，构建符合各区域科技创新服务平台生态化发展实际服务效果评价的针对性指标体系。

（3）评分规则调整。本书通过观测实际数据，现已给出一套较为科学、合理的区域科技创新服务平台生态化服务效果评价指标的评分规则与标准，在对多个评价对象进行评价时，能基于统一的评价规则予以比较分析。而在评分规则实际应用过程中，还需以时间维度划分，依据平台发展，及时对评分规则进行调整，以保障评价结果的有效性。

（4）评价专家选取。评价指标权重确定及基于规则对定性评价指标进行打分，均需要依托专家的判定，因此，评价专家的选取必须具有全面性及科学性的特征，即可主要通过邀请平台实际管理人员、平台研究领域专家及平台自身专家团队等方式，提高评价的严谨性。

（5）指标体系优化。依据我国各省市政府对区域科技创新服务平台评价视角的调整，需要及时对评价指标体系进行优化与更新，并在确保评价指标体系完善性与数据可采集性的同时，注重评价指标的实用性，以最大限度适用于区域科技创新服务平台生态化发展需求及政府管理决策的制定。

5.5　本章小结

本章首先在明确区域科技创新服务平台生态化服务效果评价目的与思路的基础上，从资源集成、服务供给、运行管理和合作支持四个维度，分析了区域科技创新服务平台生态化服务效果的影响因素，并基于科学性、系统性、可操作性、可比性和全面性等原则，构建了区域科技创新服务平台生态化服务效果评价指标体系；其次，提出运用层次分析法与熵权法相结合的组合赋权法确定评价指标权重，并基于规则设计了区域科技创新服务平台生态化服务效果评价模型；最后，为了提高评价指标与评价方法的适用性与科学性，进一步给出了区域科技创新服务平台生态化服务效果评价体系的具体应用策略。

总　结

随着我国创新驱动发展战略的深入实施，面向日益复杂与个性化的科技创新需求及科技资源积累量的快速增加，为了有效解决科技服务滞后问题，充分发挥区域科技创新服务平台服务支撑区域科技创新作用，高效配置区域科技资源，大力推动区域科技创新发展，引入先进的生态化发展理念，深入探究区域科技创新服务平台生态化演进机理及服务模式具有重要理论与现实意义。在此情境下，本书基于生态化视角，揭示了区域科技创新服务平台生态化演进机理，构建了区域科技创新服务平台生态化服务模式，并为了保障服务模式的顺利运行，设计了区域科技创新服务平台生态化服务模式运行机制，且为了进一步有效掌握区域科技创新服务平台生态化发展的实际服务效果，构建了区域科技创新服务平台生态化服务效果评价体系，为我国各地方政府统筹规划未来区域科技创新服务平台可持续发展与服务方向、完善科技服务体系建设提供了重要的科学依据与理论方法支持。本书的主要研究内容及创新点如下：

（1）揭示了区域科技创新服务平台生态化演进机理。从生态化视角，界定了区域科技创新服务平台生态化内涵，剖析了区域科技创新服务平台生态化特性，划分了区域科技创新服务平台种群类型及种群间互动关系，运用超循环理论构建了区域科技创新服务平台生态循环模型，提出了区域科技创新服务平台生态化演进条件及动因，明确了区域科技创新服务平台生态化演进过程，并通过设计区域科技创新服务平台生态化演进博弈模型，揭示了区域科技创新服务平台生态化演进规律。

（2）构建了区域科技创新服务平台生态化服务模式。依据区域科技创新服务平台不同生态化演进阶段需求及服务要素差异，明确了区域科技创新服务平台生态化服务模式发展路径，构建了区域科技创新服务平台生态化服务模式空间定位模型与分类模型，在此基础上，设计了包含精细服务、智能服务和智慧服务等三类基础服务模式及相应子服务模式的区域科技创新服务平台生态化服务模式，并对每一类基础服务模式的服务流程、服务内容、适用条件及管理方式进行了详细设计，且进一步给出了区域科技创新服务平台生态化演进阶段识别及服务模式选择方法，提出了服务模式动态转换策略。

（3）设计了区域科技创新服务平台生态化服务模式运行机制。从需求侧引导、供给侧优化、服务平衡和服务进化四个方面设计了区域科技创新服务平台生态化服务模式运行机制。其中需求侧引导机制包含需求分类与征集、需求识别与挖掘、需求整合与诱发子机制；供给侧优化机制包含资源集聚与优化配置、资源共享与动态调整、资源融合与创造子机制；服务平衡机制包含供需平衡机制、联结平衡机制、利益平衡机制和控制反馈机制；服务进化机制则包含激励机制、学习机制和服务创新机制，在此基础上，进一步给出了运行机制的应用策略。

（4）设计了区域科技创新服务平台生态化服务效果评价体系。在明确区域科技创新服务平台生态化服务效果评价目的与思路的基础上，分析了区域科技创新服务平台生态化服务效果影响因素，构建了区域科技创新服务平台生态化服务效果评价指标体系，并运用组合赋权法确定指标权重，基于规则评价法设计了区域科技创新服务平台生态化服务效果评价模型，且进一步给出了评价体系应用策略。

本书研究得到辽宁省社会科学规划基金办公室资助，在理论方面，将生态化发展理念融入区域科技创新服务平台发展进程，探究了区域科技创新服务平台生态化演进机理及服务模式，分析了区域科技创新服务平台可持续发展与服务问题，对指明区域科技创新服务平台未来可持续发展与服务方向、丰富平台生态化服务理论体系及支撑区域政府对科技创新服务平台的管理工作，提供了重要的决策依据与方法支持；在实践方面，通过揭示区域科技创新服务平台生态化演进机理，结合区域科技创新服务平台生态化演进阶段，构建了与之相匹配的生态化服务模式，不仅有助于推进平台服务创新，完善平台服务体系，还对促进区域科技创新发展具有重要现实意义。

虽然本书对区域科技创新服务平台生态化演进机理及服务模式进行了初步探索，在一定程度上丰富了平台管理理论且引导了平台未来服务方向，但有关区域科技创新服务平台服务科技创新路径、区域科技创新服务平台生态化发展布局设计等问题还有待进一步深入探究。此外，作者研究能力有限，书中难免存在一些疏漏或不足之处，敬请广大读者批评与指正，以便进一步完善。

参考文献

[1] 方齐.科技服务业服务创新过程与绩效关系实证研究[J].科学学与科学技术管理，2015，36（9）：117-125.

[2] PRASAD S. A framework for information services： Benchmarking for countries and companies [J]. Information Society， 2006， 13（3）： 311-323.

[3] 张心怡.社会化科技服务体系模式创新研究—基于科技型中小企业国际化经营的实践[J].科技进步与对策，2013，30（19）：15-19.

[4] 揭筱纹，李镜，邱璐，等.现代科技服务体系创新模式分析[J].软科学，2014，28（5）：135-138.

[5] PREECE M. Managing information and knowledge in service industries [J]. Advances in Business Marketing and Purchasing， 2015（22）： 3-154.

[6] 李文博.我国科技中介服务体系与发达国家的差距及对策[J].中国科技论坛，2011（7）：153-160.

[7] 祁明，赵雪兰.中国科技服务业新型发展模式研究[J].科技管理研究，2012（22）：118-121，125.

[8] 唐守廉，徐嘉玮.中美科技服务业发展现状比较研究[J].科技进步与对策，2013，30（9）：41-47.

[9] 张清正，李国平.中国科技服务业集聚发展及影响因素研究[J].中国软科学，2015（7）：75-93.

[10] WOOD P. Consultancy and innovation： The business service revolution in Europe [M]. London： Routledge， 2002： 3-9.

[11] HOWELLS J. Intermediation and the role of intermediaries in innovation [J]. Research Policy， 2006， 35（5）： 715-728.

[12] YUSUF S. Intermediating knowledge exchange between universities and businesses [J]. Research Policy， 2008， 37（8）： 1167-1174.

[13] 骆光林，余向平，陆江东.浙江省科技中介服务机构体系的现状和发展思路

[J].科研管理，2008，29（3）：145-151.
[14] 李柏洲，孙立梅.创新系统中科技中介组织的角色定位研究[J].科学学与科学技术管理，2010（9）：29-33.
[15] 王蓉，陈良华，王慧庆.资源配置市场化条件下区域科技中介服务模式研究[J].科技管理研究，2017（4）：31-37.
[16] AGUILA O A， PADILLA M A， SERAROLS T C. Value creation and new intermediaries on internet： An exploratory analysis of the news industry and the web content aggregators [J]. International Journal of Information Management，2007， 27（3）： 187-199.
[17] BARNES D， HINTON M. Developing a framework to analyze the roles and relationships of online intermediaries [J]. International Journal of Information Management， 2007， 27（2）： 63-74.
[18] TOSHIHIRO K. The role of intermediation and absorptive capacity in facilitating university-industry linkages： An empirical study of TAMA in Japan [J]. Research Policy，2008（37）： 1224-1240.
[19] 韩霞.论我国科技中介服务业的功能定位与发展策略[J].中国软科学，2008（5）：21-26.
[20] 杨潇，池仁勇.外部结点、内部资源与企业创新绩效的关系研究：以长三角地区199家科技服务业企业为实证[J].研究与发展管理，2012（2）：35-43.
[21] 郭元源，池仁勇，段姗.科技中介功能、网络位置与产业集群绩效—基于浙江省典型产业集群的实证研究[J].科学学研究，2014，32（6）：841-851，872.
[22] 王婉娟，危怀安.协同创新能力评价指标体系构建—基于国家重点实验室的实证研究[J].科学学研究，2016，34（3）：471-480.
[23] 戚湧，郭逸.基于SFA方法的科技资源市场配置效率评价[J].科研管理，2015，36（3）：84-91.
[24] FENG F， ZHOU N， ZHANG L Y， et al. Research on the performance evaluation and S&T resources allocation of hightech industry of China：Evidence based on three different economic regions [J]. International Journal of Business and Management， 2013， 8（5）： 13-23.
[25] 徐建国.我国区域科技资源配置能力分析[J].中国软科学，2002（9）：98-

100.
[26] 汪朗峰，伏玉林.高技术产业发展中科技资源配置研究[J].科研管理，2013，34（2）：152-160.
[27] KORHONEN P， SYRJANEN M.Resource allocation based on efficiency analysis [J].Management Science， 2004， 50 （8）： 1134-1144.
[28] 陆建芳，戴炳鑫.企业技术中心技术创新资源配置效率评价[J].科研管理，2012，33（1）：19-26.
[29] 索玮岚，陆桂昌，陈锐.高校科技资源配置效率测度研究-基于共享投入关联网络DEA模型[J].科研管理，2015，36（11）：155-161.
[30] 范斐，张建清，杨刚强，等.环境约束下区域科技资源配置效率的空间溢出效应研究[J].中国软科学，2016（4）：71-80.
[31] YASUD A， TAKEHIK O.Firm growth， size， age and behavior in Japanese manufacturing [J].Small Business Economics， 2005， 25（1）：1-15.
[32] HUNG S W， TANG R H.Factors affecting the choice of technology acquisition mode： an empirical analysis of the electronic firms of Japan， Korea and Taiwan [J].Technovation， 2008， 28（9）：551-563.
[33] WAKELIN K.Productivity growth and R&D expenditure in UK manufacturing firms [J].Research Policy， 2001， 30（7）：1079-1090.
[34] MAHLICH J C， THOMAS R S.The determinants of pharmaceutical R&D expenditures： Evidence from Japan [J]. Review of Industrial Organization， 2006， 28（2）： 145-164.
[35] 何海燕，林波，张剑.技术壁垒对我国企业科技资源配置的影响[J].科学学研究，2011，29（6）：856-860，839.
[36] JEONG S， LEE S. What drives technology convergence？ Exploring the influence of technological and resource allocation contexts [J]. Journal of Engineering & Technology Management，2015（36）：78-96.
[37] 朱红，赵润柱，王雅利.科技资源整合及其服务能力提升[M].北京：知识产权出版社，2011：4-16.
[38] CHEN T Y， CHEN Y M， CHU H C. Developing a trust evaluation method between co-workers in virtual project team for enabling resource sharing and collaboration [J]. Computers in Industry， 2008， 59（6）： 565-579.

[39] YOUNG M. An exploratory study of the cultural habits change process triggered by the use of IT-A faculty student knowledge-sharing platform case study [J]. Educational Technology & Society， 2012， 15（4）：332-343.

[40] 王海花，彭正龙，蒋旭灿.开放式创新模式下创新资源共享的影响因素[J].科研管理，2012，33（3）：49-55.

[41] 戚湧，张明，丁刚.基于博弈理论的协同创新主体资源共享策略研究[J].中国软科学，2013（1）：149-154.

[42] OTCENASKOVA T， KOLEROVA K，BURES V. Sharing of resources： Theoretical background and a case study [J]. Procedia - Social and Behavioral Sciences， 2014， 109（8）：698-705.

[43] 张亚明，刘海鸥.协同创新博弈观的京津冀科技资源共享模型与策略[J].中国科技论坛，2014（1）：34-41.

[44] JIANG X，JIANG F，CAI X，et al.How does trust affect alliance performance? The mediating role of resource sharing [J].Industrial Marketing Management， 2015（45）：128-138.

[45] SUN Y T， CAO C.Intra-and inter-regional research collaboration across organizational boundaries： Evolving patterns in China [J].Technological Forecasting & Social Change，2015（3）：1-17.

[46] 涂勇.地方科技资源共享平台建设研究[J].科技进步与对策，2013，30（10）：42-44.

[47] 刘晓峰，周航.区域科技服务集成系统运营模式创新研究—以黑龙江省科技创新创业共享服务平台为例[J].对外经贸，2013（8）：93-95.

[48] 刘润达.科技资源共享及其关键问题分析—基于利益驱动的视角[J].情报杂志，2014，33（1）：173-177.

[49] 李长云，张悦.区域科技资源共享平台发展动力机制研究[J].情报理论与实践，2018，41（4）：33-37.

[50] CHESBROUGH H. Open innovation： The new imperative for creating and profiting from technology [M].Boston， MA： Harvard Business School Press，2003： 56-67.

[51] PIEZUNKA H. Technological platforms—An assessment of the primary types of technological platforms， their strategic issues and their linkages to organization-

al theory [J]. Journal Fur Betriebswirtschaft, 2011, 22(61): 179-226.
[52] GOGGINS S, PETAKOVIC E. Connecting theory to social technology platforms: A framework for measuring influence in context [J]. American Behavioral Scientist, 2014, 58(10): 1376-1392.
[53] ELORANTA V, TURUNEN T. Platforms in service-driven manufacturing: Leveraging complexity by connecting, sharing, and integrating [J]. Industrial Marketing Management, 2015(10): 1-9.
[54] 魏淑艳，娄成武.我国区域科技基础条件平台建设研究[J].科学学与科学技术管理，2006(9): 42-47.
[55] PEKKARINEN S, UIKUNIEMI P.Modularity in developing business services by platform approach [J]. The Internation Journal of Logistics Management, 2008, 19(1): 84-103.
[56] 王瑞敏，章文君，高洁.公共科技服务平台构建和有效运行研究[J].科研管理，2010，31(6): 113-117.
[57] 郑小碧，陆立军.产业集群转型升级视阈下的区域创新平台研究[J].科学学与科学技术管理，2011，32(8): 65-70.
[58] 李莎.基于科技资源共享平台构建的几个关键问题探讨[J].科技管理研究，2013(21): 155-158.
[59] 陈芳，穆荣平，宋河发.科技创新基地与平台建设支持政策关联性研究[J].科研管理，2013，34(1): 55-62.
[60] 张贵红，朱悦.我国科技平台建设的历程、现状及主要问题分析[J].中国科技论坛，2015(1): 17-21，38.
[61] LOUDON M, A platform studies approach to the role of technology in the ICTD ecosystem: The SMS in m4d interventions [J].Information Technology for Development, 2016, 22(1): 7-25.
[62] 汪秀婷，胡树华.基于“三力模型”的产业技术创新平台集成运行模式[J].科学学与科学技术管理，2009(10): 79-84.
[63] BOUDREAU K. Open platform strategies and innovation: granting access vs devolving control [J]. Management Science, 2010, 56(10): 1849-1872.
[64] 许强，杨艳.公共科技创新平台运行机理研究[J].科学学与科学技术管理，2010，31(12): 56-61.

[65] ASHEIM B T， BOSCHMA R， COOKE P. Constructing regional advantage platform policies based on related variety and differentiated knowledge bases [J]. Regional Studies， 2011， 45（7）： 893-904.

[66] 钱吴永，李晓钟，王育红.物联网产业技术创新平台架构与运行机制研究[J].科技进步与对策，2014，31（6）：66-69.

[67] 刘小花，高山行，李宁娟.原始性创新平行路径的非线性形成机制研究—基于Genentech的案例分析[J].科学学研究，2014，32（9）：1405-1414.

[68] 顾桂芳，李文元，张茜.双边市场运作模式下科技公共服务平台与科技服务需求方演化博弈研究[J].科技进步与对策，2015，32（18）：22-27.

[69] 朱灏，邹萍.钢铁业技术平台推动产业国际转移的长期规律[J].科研管理，2016，37（5）：1-9.

[70] JACOBIDES M G. How capability differences， transaction costs， and learning curves interact to shape vertical scope [J]. Organizatyion Science， 2008， 19（2）： 306-326.

[71] SKOLD M， KARLSSON C. Product platform replacements： challenges to managers [J]. International Journal of Operations & Production Management， 2012， 32（6）： 746-766.

[72] 王雪原，李天骄，刘娜.基于企业需求与协同演化的区域创新平台支持策略[J].中国科技论坛，2015（2）：102-108.

[73] 简兆权，余陈金，王双喜.公共科技平台构建主体的关系演化模式[J].科技管理研究，2011（1）：31-34.

[74] REAGANS R， Zuckerman E W. Networks， diversity， and productivity： The social capital of corporate R&D teams [J]. Organization Science， 2001， 12（4）： 502-517.

[75] LI J， DENG Q， SORENSEN O J. Building national innovation platform in China： Theoretical exploration and empirical study [J]. Journal of Science and Technology Policy in China， 2011， 2（1）： 58-78.

[76] DAUGHERTY P J， CHEN H， FERRIN B G. Organizational structure and logistics service innovation [J]. The International Journal of Logistics Management， 2011， 22（1）： 26-51.

[77] 孙庆.区域科技创新平台网络化演进过程及机制研究[J].中国科技论坛，2012

（1）：96-101.
[78] 王雪原，王宏起，李文奇.基于网络演化过程的区域创新平台运行模式探讨[J].中国科技论坛，2012（6）：24-29.
[79] MCINTYRE D P， SRINIVASAN A. Networks， platforms， and strategy：Emerging views and next steps [J]. Strategic Management Journal， 2017， 38（1）：141-160.
[80] FAN Y， HUANG C， WANG Y. Architecture and operational mechanisms of networked manufacturing integrated platform [J]. International Journal of Production Research， 2005， 12（6）：2615-2629.
[81] KRISHNAN V， GUPTA S. Appropriateness and impact of platform-based product development [J]. Management Science， 2001， 47（1）： 52-68.
[82] PAPPAS M， KARABATSOU V， MAVRIKIOS D. Development of a web-based collaboration platform for manufacturing product and process design evaluation using virtual reality techniques [J]. International Journal of Computer Integrated Manufacturing， 2006， 8（12）：805-814.
[83] 王宇露，黄平，单蒙蒙.共性技术创新平台的双层运作体系对分布式创新的影响机理—基于创新网络的视角[J].研究与发展管理，2016，28（3）：97-106.
[84] 肖卫东.中小企业公共服务平台的功能定位与组织创新[J].学习与探索，2014（2）：104-107.
[85] 贾君枝，陈瑞.共享经济下科技资源共享模式优化[J].情报理论与实践，2018，41（3）：6-10.
[86] NUCCIARELLI A， LI F， FERNANDES K J， et al. From value chains to technological platforms： The effects of crowdfunding in the digital game industry [J].Journal of Business Research， 2017， 78（9）： 341-352.
[87] MANTENA R， SAHA R L. Co-petition between differentiated platforms in two-sided markets [J]. Management Information Systems， 2012， 29（2）：109-139.
[88] ALBLAS A A， WORTMANN J C. Function-technology platforms improve efficiency in high-tech equipment manufacturing A case study in complex products and systems （CoPS） [J]. International Journal of Operations & Production

Management, 2014, 34（4）: 447-476.

[89] 华中生.网络环境下的平台服务及其管理问题[J].管理科学学报，2013，16（12）：1-12.

[90] 张琼妮.网络环境下区域协同创新平台模式与机制及政策研究[D].浙江工商大学博士论文，2014：59-81.

[91] 欧阳峣，罗会华.金砖国家科技合作模式及平台构建研究[J].中国软科学，2011（8）：103-110.

[92] 王宏起，李力，李玥.区域科技资源共享平台集成服务流程与管理研究[J].情报理论与实践，2014，37（8）：69-73.

[93] 高超，杨帆，李雷霆.基于云服务的工业设计科技资源共享平台[J].企业技术开发，2015，34（3）：65-66.

[94] 李玥，王宏起，李长云.云环境下区域科技资源共享平台智慧服务研究[J].学习与探索，2015（7）：112-115.

[95] 季六祥，盛革.云端创业生态圈的理论基础与规划框架[J].管理学报，2015，12（11）：1646-1653.

[96] 罗晨阳，丁堃，潘明湃，等."官助民办"技术平台商业模式演化机制研究[J].科学学研究，2017，35（3）：354-363.

[97] TIWANA A, KONSYNSKI B, BUSH A.Platform evolution: Co-evolution of platform architecture, governance, and environmental dynamics [J].Information Systems Research, 2010, 21（4）: 675-687.

[98] 周璇.平台生态系统发展及应对战略探究[J].现代商贸工业，2011（16）：116.

[99] SHRIVER S K, NAIR H S, HOFSTETTER R.Social ties and user-generated content: Evidence from an online social network [J].Management Science, 2013, 59（6）: 1425-1443.

[100] 汪怡，刘晓云，何军.基于商业生态视角的电子商务服务平台竞争力评价研究[J].情报科学，2014，32（6）：39-42，50.

[101] 李雷，简兆权，张鲁艳.服务主导逻辑产生原因、核心观点探析与未来研究展望[J].外国经济与管理，2013，35（4）：2-12.

[102] 李雷，赵先德，简兆权.以开放式网络平台为依托的新服务开发模式——基于中国移动应用商场的案例研究[J].研究与发展管理，2015，27（1）：

69-83.
[103] 郑湛，徐绪松，朱国宾，等.大组织理论研究[J].管理学报，2015，12（4）：522-529.
[104] INOUE Y， TSUJIMOTO M. New market development of platform ecosystems： A case study of the Nintendo Wii [J]. Technological Forecasting and Social Change， 2017（1）：1-19.
[105] PCAST. Sustaining the Nation’s Innovation Ecosystems， Information Technology Manufacturing and Competitiveness [R]. 2004.
[106] LUOMA A V， SAARA H. Intangibles and innovation： The role of communication in the innovation ecosystem [J].Innovation Journalism， 2010， 7（2）： 1-19.
[107] RUSSELL M G， STILL K， HUHTAMAKI J， et al. Transforming innovation ecosystems through shared vision and network orchestration [R].Triple Helix IX International Conference， 2011.
[108] SHAKER A Z， SATISH N. Entrepreneurship in global innovation ecosystems [J].Academy of Marketing Science Review， 2011（1）： 4-17.
[109] ADNER R， KAPOOR R. Innovation ecosystems and the pace of substitution： Re-examining technology S-curves [J]. Strategic Management Journal， 2016， 37（4）：625-648.
[110] KLOTZ F. Navigating the Leadership Challenges of Innovation Ecosystems [J]. Sloan Management Review， 2016， 58（1）：141-146.
[111] ESTRIN J. Closing the innovation gap： Reigniting the spark of creativity in a global economy [M]. American： McGraw-Hill， 2008.
[112] WANG P. An integrative framework for understanding the innovation ecosystem [R]. Working paper， Prepared for Advancing the Study of Innovation and Globalization in Organization， 2009.
[113] MERCAN B， GOKTAS D. Components of innovation ecosystems： A cross-country study [J]. International Research Journal of Finance and Economics， 2011（76）： 102-112.
[114] 柳卸林，孙海鹰，马雪梅.基于创新生态观的科技管理模式[J].科学学与科学技术管理，2015，36（1）：18-27.

[115] CARAYANNIS E G， CAMPBELL D F J.Open innovation diplomacy and a 21st century fractal research， education and innovation （FREIE） ecosystem： Building on the quadruple and quintuple helix innovation concepts and the “mode 3” knowledge production system [J].Journal of Knowledge Economy， 2011， 2（3）： 327-372.

[116] 杨荣.创新生态系统的功能、动力机制及其政策含义[J].科技和产业，2013，13（11）：139-145，172.

[117] 黄鲁成.区域技术创新生态系统的特征[J].中国科技论坛，2003（1）：23-26.

[118] 吕玉辉.技术创新生态系统的要素模型与演化[J].技术经济与管理研究，2011（9）：25-28.

[119] BRUSONI S ， PRENCIPE A， The organization of innovation in ecosystems： problem framing， problem solving， and patterns of coupling [J].Advances In Strategic Management，2013（30）：167-194.

[120] 张运生.高科技企业创新生态系统风险产生机理探究[J].科学学研究，2009，27（6）：925-931.

[121] 伍春来，赵剑波，王以华.产业技术创新生态体系研究评述[J].科学学与科学技术管理，2013，34（7）：113-121.

[122] 李万，常静，王敏杰，等.创新3.0与创新生态系统[J].科学学研究，2014，32（12）：1761-1770.

[123] KESIDOU E， DEMIREL. On the drivers of eco-innovations： Empirical evidence from the UK [J].Research Policy， 2012（2）： 862-870.

[124] 张利飞，吕晓思，张运生.创新生态系统技术依存结构对企业集成创新竞争优势的影响研究[J].管理学报，2014，11（2）：229-237.

[125] 吴绍波，顾新.战略性新兴产业创新生态系统协同创新的治理模式选择研究[J].研究与发展管理，2014，26（1）：13-21.

[126] DORAN J， RYAN G. Regulation and firm perception，eco-innovation and firm performance [J].European Journal of Innovation Management， 2012， 15（4）： 421-441.

[127] WEIL H B， SABHLOK V P， COONEY C L. The dynamics of innovation ecosystems： A case study of the US biofuel market [J].Energy Strategy Re-

views， 2014（3）：88-99.

[128] DAVIDSON S， HARMER M， MARSHALL A， Strategies for creating and capturing value in the emerging ecosystem economy [J]. Strategy & Leadership， 2015， 43（2）：2-10.

[129] 刘洪久，胡彦蓉，马卫民.区域创新生态系统适宜度与经济发展的关系研究[J].中国管理科学，2013，21（11）：764-770.

[130] WEST J， WOOD D. Evolving an open ecosystem： The rise and fall of the symbian platform [J]. Advances in Strategic Management， 2014， 30：27-67.

[131] 刘志春，陈向东.科技园区创新生态系统与创新效率关系研究[J].科研管理，2015，36（2）：26-31，144.

[132] 汪志波.产业技术创新生态系统演化机理研究[J].生产力研究，2012（3）：192-194.

[133] 曾国屏，荀尤钊，刘磊.从“创新系统”到“创新生态系统”[J].科学学研究，2013，31（1）：4-12.

[134] MIKEL G U， JUAN C M.Epigenetic economic dynamics： The evolution of big internet business ecosystems，evidence for patents [J].Technovation，2014，34（3）：177-189.

[135] ROMANO A， PASSIANTE G，VECCHIO P D.The innovation ecosystem as booster for the innovative entrepreneurship in the smart specialization strategy International [J].Journal of Knowledge-Based Development，2014，5（3）：271-288.

[136] 赵放，曾国屏.多重视角下的创新生态系统[J].科学学研究，2014，32（12）：1781-1788，1796.

[137] 陈衍泰，孟媛媛，张露嘉，等.产业创新生态系统的价值创造和获取机制分析——基于中国电动汽车的跨案例分析[J].科研管理，2015，36（1）：68-75.

[138] 欧忠辉，朱祖平，夏敏，等.创新生态系统共生演化模型及仿真研究[J].科研管理，2017，38（12）：50-58.

[139] 陈劲，陈钰芬.企业技术创新绩效评价指标体系研究[J].科学学与科学技术管理，2006（3）：86-92.

[140] 余泳泽，刘大勇.创新价值链视角下的我国区域创新效率提升路径研究[J].

科研管理，2014，35（5）：27-37.

[141] 汪良兵，洪进，赵定涛.中国技术转移体系的演化状态及协同机制研究[J].科研管理，2014，35（5）：1-8.

[142] 王宏起，李力，李玥.区域科技资源共享平台集成服务流程与管理研究[J].情报理论与实践，2014，37（8）：69-73.

[143] 邱跃华.科学发展观视阈下我国产业生态化发展研究[D].湖南大学博士论文，2013：48-55.

[144] FREEMAN C.Networks Of Innovators：A Synthesis Of Research Issues [J].Research Policy，1991，20（5）：499-514.

[145] 池仁勇.区域中小企业创新网络的结点联结及其效率评价研究[J].管理世界，2013（1）：105-112，121.

[146] HARRIS L，COLES A M，DICKSON K.Building Innovation Networks：Issues of Strategy and Expertise [J].Technology Analysis&Strategic Management，2000（2）：229-241.

[147] EKKARINEN S，HARMAAKORPI V.Building Regional Innovation Networks：The Definition of An Age Business Core Process in a Regional Innovation System [J].Regional Studies，2006，40（4）：401-413.

[148] 张铁男，张亚娟，韩兵.种群学习环境下的企业变革研究[J].科学学与科学技术管理，2009（9）：158-162.

[149] 王吉发，敖海燕，陈航.基于创新链的科技服务业链式结构及价值实现机理研究[J].科技进步与对策，2015，15（32）：59-63.

[150] 商淑秀，张再生.虚拟企业知识共享演化博弈分析[J].中国软科学，2015（3）：150-157.

[151] 薛奕曦，邵鲁宁，尤建新等.面向新能源汽车的社会——技术域分析及其转型推动研究[J].中国软科学，2013（3）：78-88.

[152] 岳素芳，肖广岭，刘烨，等.省际公共科技服务平台中央财政支持方式研究[J].中国科技论坛，2015（6）：26-30.

[153] 贺正楚，周永生，吴艳.双重失灵的光伏产业及其调控措施[J].系统工程，2013，31（12）：116-120.

[154] FRIDERNAN D. Evolutionary games in economics [J]. Econometrica，1991，59（3）：637-666.

[155] 苏先娜，谢富纪.企业技术创新合作策略选择的演化博弈研究[J].研究与发展管理，2016，28（1）：132-140.

[156] 商淑秀，张再生.虚拟企业知识共享演化博弈分析[J].中国软科学，2015（3）：150-157

[157] ANSOFF H I.Corporate Strategy [M]. New York： McGraw Hill，1965：227-236.

[158] 贺灵，单汨源，邱建华.创新网络要素及其协同对科技创新绩效的影响研究[J].管理评论，2012，24（8）：58-68.

[159] 董豪，曾剑秋，沈孟如.产业创新复合系统构建与协同度分析[J].科学学研究，2016，34（8）：1152-1160.

[160] 孙丽文，曹璐.中国制造业绿色创新系统构建及协同度分析[J].技术经济，2017，36（7）：48-54.

[161] ADABI S，MOVAGHAR A，RAHMANI A M，et al.Market-based grid resource allocation using new negotiation model [J].Journal of Network and Computer Applications，2013，36（1）：543-565.

[162] AMIRI E，KESHAVARZ H，OHSHIMA N，et al.Resource allocation in grid：A review [J].Procedia Social and Behavioral Sciences，2014，129（5）：436-440.

[163] BRACKEN J，MCGILL J.Mathematical programs with optimization problems in the constraints [J].Operation Research，1973，21（1）：37-44.

[164] ROTH A E.Common and conflicting interests in two-sided matching markets [J].European Economic Review，1985，27（1）：75-96.